통합과학
교과서
뛰어넘기

과학적 상상력과 문제해결력을 높여주는

통합과학
교과서
뛰어넘기

신영준
김호성
박창용
오현선
이세연
지음

2

해냄

# 미래 사회에는
# 어떤 사람이 필요할까?

2030년 우리의 일과는 어떤 모습일까요? 상상해 봅시다. 지금의 학생들은 직장인이 되어 교통 통제 시스템이 자동으로 작동하는 무인 전기자동차로 출근을 합니다. 직접 운전하지 않아도 되고 교통 체증도 없을 테니 쉽고 편하게 출근할 수 있겠지요. 회사에 도착해서는 사원증 대신 생체 ID 카드로 출근을 확인하고 자리에 앉아 일을 시작합니다.

사무실에서 우리 제품에 관심을 갖고 있는 외국인 구매자와 회의를 시작합니다. 직접 만나지 않아도 얼굴을 맞대고 회의할 수 있습니다. 홀로그램 영상을 활용해서 말이지요! 외국어를 몰라도 문제없습니다. 시계처럼 차고 있는 웨어러블(wearable) 번역기가 있을 테니까요.

회의를 마치니 점심시간이 되었네요. 점심으로 무엇을 먹을까 하는 고민도 필요 없습니다. 나의 식성이 이미 프로그래밍되어 취향은 물론, 영양

적으로 필요한 음식들이 건강 관리 서버에 자동으로 연결되어 있으니까요. 이에 따라 맞춤형 식사가 가능할 겁니다.

점심식사 후 짧은 낮잠을 청해봅니다. 빛과 소리의 조합으로 수면 환경을 최적화한 수면 캡슐에서 낮잠을 즐긴 후 다시 오후 업무를 시작합니다. 메시지 한 통이 와 있군요. 국회의원 선거에 참여하라는 내용입니다. 투표소에 직접 가지 않아도 됩니다. 생체 ID를 이용하여 모바일이나 웨어러블 기술로 내가 원하는 지역 일꾼을 뽑을 수 있습니다.

오늘도 회사 일을 잘 마쳤네요. 이제 슬슬 공연이나 하나 볼까요? 공연장을 찾는 번거로움이 없으니 마음이 편안합니다. 가상 현실과 홀로그램 영상을 통해 실제로 공연장에 간 것처럼 생생한 현장감을 느낄 수 있습니다. 밤늦은 시간에 집에 돌아오더라도 무인 드론이 방범 순찰을 돌며 보호해 줄 터라 무섭지 않습니다.

무사히 집에 돌아와 여름휴가 계획을 세웁니다. 인공지능이 여러 가지 휴가 계획을 계속 내놓습니다. 이번 여행에는 극초음속 비행기를 탈지, 진공 튜브 열차를 탈지 행복한 고민을 합니다. 무엇을 선택하든 세계 어디나 2시간 내에 도착할 수 있습니다.

이 모든 것이 정말 있을 법한 미래 모습일까요? 아니면 상상에 그칠 것 같나요?

미래에는 아직 아무도 가보지 않았기에 뭐라고 장담할 수 없습니다. 그러나 역사의 수레바퀴가 언제나 새로운 사회로 우리를 이끌었듯이, 미래가 지금과는 사뭇 다르리라는 것만은 확실합니다.

그런데 이렇게 미래 사회를 상상하다가 현재 우리의 교실을 떠올려보면 무언가 꽉 막혀 있는 것처럼 답답해집니다. 안타깝게도 교실에서는 지난 수십 년 동안 마치 인공지능 흉내라도 내려는 듯 공부해 왔습니다. 모든 사람들의 머릿속에 같은 지식을 넣으면서 실수 없이 정답 맞히기만을 강조했지요.

단순히 지식을 암기하는 것은 과학 공부의 전부가 아닙니다. 물론 기존에 완성된 지식을 이해하고 배우는 것도 필요합니다. 그러나 그것은 진정한 과학 공부를 위한 기본일 뿐입니다. 과학은 우리 주변에 일어나는 현상이나 원리를 '왜', '어떻게'라는 키워드를 중심으로 탐구해 나가는 과정입니다.

인공지능이 고도로 발전한 시대에는 올바르게 '과학하는' 모습이 더욱 필요합니다. 머릿속에 단순 지식을 차곡차곡 쌓아나가는 방식으로는 절대 인공지능을 이길 수 없습니다. 현재 인공지능은 축적한 지식을 바탕으로 통찰력을 발휘하는 수준까지 그 능력을 넓히고 있다는 사실을 우리는 눈여겨볼 필요가 있습니다.

인공지능과 구분되는 인간의 강점은 무엇일까요? 인공지능의 시작과 끝에는 인간이 있으며, 결국 인공지능은 가질 수 없는 지성과 감성이 우리에게는 있습니다. 이를 바탕으로 어떤 덕목을 길러야 할까요? 그것은 인간에 대한 이해와 사회에 대한 통찰, 자연과학적 원리 이해, 공학적 능력, 예술적이고 직관적인 능력, 세상에 없는 것을 상상하는 능력 등일 것입니다. 이미 알고 있는 지식을 기반으로 세상의 다양한 현상에 끊임없이 질문을 던지고 새롭게 인식하는 노력이 필요합니다.

학생들이 이러한 덕목을 기르는 데 도움이 되고자 『통합과학 교과서 뛰어넘기』를 준비했습니다. 자연에서 일어나는 다양한 현상을 소개하고 설명하는 과학 지식 전달은 물론이고, 인간으로서 혹은 공동체의 일원으로서 이에 접근하는 시도들을 병행했습니다.

이 책은 '2015 개정 교육 과정'에 따른 고등학교 『통합과학』의 핵심 개념을 따라갑니다. 통합과학의 핵심은 특정 분야에 한정하지 않고 여러 학문을 아우르는 개념이나 원리로 다양한 현상을 설명할 수 있도록 해주는 것입니다. 물론 과학 외의 다른 분야(교과)와 연계된 현상에 대해서도 설명을 제공할 수 있습니다. 이는 우리로 하여금 과학의 다양한 개념들을 통합적으로 이해할 수 있도록 도와줍니다.

통합과학의 핵심 주제가 총 9개로 방대하다 보니 한 권에 다 담아낼 수가 없어 두 권으로 나누었습니다. 1권에서는 주로 자연 현상을 '물질과 규칙성', '시스템과 상호 작용'의 측면에서 다루었습니다. 2권에서는 인류가 자연을 이용하고 변화시킨 내용을 중심으로 '변화와 다양성', '환경과 에너지' 이야기를 담았습니다.

미래 사회는 인문학적 상상력과 과학기술 창조력을 가지고 바른 인성을 겸비한 창의융합형 인재를 필요로 합니다. 이 책이 그러한 인재에 다가가기 위한 좋은 디딤돌이 되었으면 합니다. 이 책이 나오기까지 저자들의 노력도 있었지만, 해냄출판사 관계자 분들을 비롯한 다른 분들의 노력도 못지않게 소중했습니다.

이 책을 독자 여러분들과 함께 나누고 싶습니다. 책에 담긴 내용과 다른 의견이나 관점을 갖고 계신 독자들의 소중한 지적을 기대해 봅니다.

2019년 12월
저자 일동

차례

## 3장 생태계, 생물과 환경이 이루는 경이로운 관계

## 4장 신재생 에너지, 인류가 쏘아 올린 희망

**1 권 차례**

# 1장

# 화학 변화,
# 지구의 역사를 쓰다

# 1 지구의 현재를 만든 산화 환원 반응

> (!) 산화, 환원, 연소, 제련, 호흡, 광합성

지구 시스템에서는 기권, 생물권, 지권, 수권이 화학 반응을 통해 끊임없이 변화하고 형태가 다양해졌습니다. 자연계의 요소들이 상호 작용을 하며 변화를 계속해 왔기 때문입니다.

화산이 분출할 때 지권의 탄소가 이산화 탄소 형태로 기권으로 나오거나, 기권에 존재하는 이산화 탄소가 광합성을 통해 생물권에 산소와 포도당을 제공하거나, 수권을 이루는 강이나 지하수는 암석의 탄산 칼슘을 녹여서 바다로 운반하는 식으로 말입니다.

생명 시스템에서는 물질대사를 통해 생명체 내에서 물질을 합성 또는 분해하거나, 다양한 소화 효소의 화학 반응으로 생명 활동을 돕고 있습니다. 이러한 지구 시스템과 생명 시스템의 변화는 무질서하고 무작위적인 것이 아니라 일정한 규칙을 따르며 예측 가능한 변화 양상을 보입니다.

물질과 물질이 상호 작용하여 다른 물질로 변화하는 대표적인 화학 반응인 '산화 환원 반응'은 지구와 생명의 역사에 큰 영향력을 끼쳤습니다. 만일 인류가 불을 발견하지 못했다면 현재 지구는 어떤 모습일까요? 화석 연료를 발견하지 못해서 연료의 연소를 알지 못했더라면? 생명의 역사에서 지구가 태어난 이후 광합성이 진행되지 않았다면? 다양한 생명체가 호흡을 통해 산소를 이용하지 않았더라면 어떻게 되었을까요?

1장에서는 여러 가지 화학 반응 중에서도 산화 환원 반응이 지구와 생명의 역사에 끼친 막대한 영향력에 대해 알아보겠습니다.

## 산소가 이동하는 산화 환원 반응

중국 원난성에는 '붉은 흙'이라고 불리는 홍토지가 있습니다. 해발 2600m 고산 지대에 계단식 밭을 만들어 계절마다 다른 농작물을 심었는데, 붉은 흙과 농작물의 다양한 색이 대비를 이루어 경관이 화려하지요. 사진작가나 여행가들에게는 일생에 한 번은 가고 싶은 곳으로 손꼽히기도 합니다. 홍토지의 흙이 붉은색을 띠는 까닭은 흙 속에 철(Fe)이 산화된 산화 철($Fe_2O_3$) 성분이 많이 포함되어 있기 때문입니다.

산소(O)는 공기 중에서는 산소 분자($O_2$)나 이산화 탄소($CO_2$), 수증기($H_2O$) 형태로 풍부하게 존재합니다. 지각에는 이산화 규소($SiO_2$)나 규산염 광물 형태로 풍부하게 존재하고요. 이렇게 자연에 풍부하게 있는 산소는 다른 원소와의 반응성이 커서 많은 화학 반응에 참여합니다.

지구 시스템과 생명 시스템은 산소의 화학 반응을 통해 다양한 생성물을 만들어내고 있는 셈입니다. 지금도 여러분 주변에서 끊임없이 화학 반응에 참여하고 있는 산소가 느껴지나요?

산화 반응으로 다양한 색을 띠는 중국 윈난성 홍토지

사과 같은 과일을 깎아서 공기 중에 오래 두면 색이 갈색으로 변하는 것을 본 적이 있을 겁니다. 이렇게 과일을 깎았을 때 잘린 부분이 갈색으로 변하는 현상을 갈변이라고 합니다. 갈변이 일어나는 까닭은 과일에 들어 있는 폴리페놀 성분이 색 변화를 일으키기 때문입니다. 폴리페놀 성분이 색 변화를 일으키는 까닭은 무엇일까요? 그것은 바로 공기 중에 존재하는 산소 때문입니다.

사과를 작게 잘라 산소와 접촉하는 표면적을 넓게 할수록 갈변 현상이 빨리 일어나고, 사과를 물에 넣어 공기 중의 산소와 접촉하는 것을 막으면 공기 중에 있을 때보다 갈변 현상이 느리게 일어납니다. 산소와의 접촉 면적 차이나, 물같이 접촉을 방해하는 요인 유무에 따라 사과의 갈변 속도가 달라진다는 사실에서, 사과의 갈변은 공기 중 산소와의 화학 반응으로 나타나는 현상이라는 것을 알 수 있습니다.

이와 같이 물질이 산소와 결합하는 화학 반응을 산화 반응이라고 하고, 반대로 산소와 분리되는 화학 반응을 환원 반응이라고 합니다.

구리(Cu)의 산화 반응과 산화 구리II(CuO)의 환원 반응을 통해 산화 환원 반응을 자세히 알아봅시다.

붉은색의 구리는 철만큼 쉽게 산화되지 않지만 구리를 알코올램프의 겉불꽃에 넣고 가열하면 산소를 얻으며 산화되어 검게 변합니다. 겉불꽃에서는 산소가 충분히 공급되기 때문에 구리와 산소가 결합하여 붉은색의 구리가 검은색의 산화 구리로 변합니다.

이 과정에서 구리가 산소를 얻어 산화 구리로 변하는 반응을 산화 반응이라고 합니다.

$$2Cu + O_2 \rightarrow 2CuO$$
산화

검은색의 산화 구리를 알코올램프의 속불꽃에 넣고 가열하면 다시 산소를 잃고 환원되어 붉은색의 구리로 변합니다. 겉불꽃에 비해 속불꽃에는 산소가 충분하지 않아 산화 구리가 산소를 잃고 원래의 붉은색 구리로 되돌아가는 것입니다.

이 과정에서 산화 구리가 산소를 잃고 구리로 변하는 반응을 환원 반응이라고 합니다.

$$2CuO \rightarrow 2Cu + O_2$$
환원

알코올램프의 겉불꽃과 속불꽃에서 각각 가열할 때 구리의 산화와 산화 구리의 환원을 모형으로 나타내면 다음과 같습니다.

이때 산화 구리를 숯가루(C)와 함께 가열해도 구리로 환원됩니다. 산화

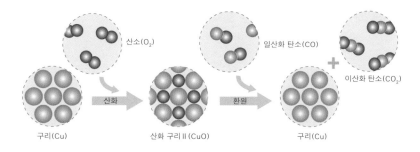

**구리(Cu)의 산화와 산화 구리(CuO)의 환원**

구리는 산소를 잃고 구리로 환원되고, 이와 동시에 숯가루 성분인 탄소는 산소를 얻어 이산화 탄소($CO_2$)로 산화되지요.

$$2CuO + C \rightarrow 2Cu + CO_2$$

환원 / 산화

이와 같이 한 물질이 산소를 잃고 환원되면 다른 물질이 그 산소를 얻어 산화됩니다. 산화 반응과 환원 반응은 항상 동시에 일어나기 때문에 일반적으로 산화 환원 반응이라고 붙여서 부릅니다.

산소는 공기 중이나 지각에 항상 존재하므로 산소가 관여하는 산화 환원 반응은 우리 생활과 관련이 깊습니다. 산소가 영향을 주는 산화 환원 반응이 지구 시스템과 생명 시스템에 영향을 주고, 이것이 인류 역사에 큰 영향을 끼친 것은 너무나도 당연해 보이지요?

만약 지구에 산소가 없었다면 산화 환원 반응이 일어나지 않았을 것이고, 궁극적으로는 지구 시스템과 생명 시스템이 현재와 다른 모습이었을 것입니다. 과연 그 모습을 상상이나 할 수 있을까요?

# 지구와 생명체에 에너지를 불어넣은 광합성

광합성은 식물이 태양의 빛에너지를 이용하여 화합물 형태로 에너지를 저장하는 화학 반응으로서, 지구상의 생물 시스템에서 볼 수 있는 대표적인 화학 반응입니다. 지구 시스템의 모든 생물은 삶을 유지하는 데 에너지를 필요로 합니다. 세균이 증식하고, 나무가 자라고, 인간이 태어나 죽는 순간까지 모든 생명 활동 과정을 에너지에 의존합니다.

우리가 일상생활에서 자동차를 움직이고, 휴대전화 전원을 연결하여 모바일 세상을 즐기고, 공장 산업 시설을 가동시키기 위해서 석유나 천연가스 같은 화석 연료를 연소시키듯이, 생물은 그 자체로 살아남기 위해 기본적으로 광합성에서 얻은 에너지를 필요로 합니다.

에너지의 전환과 저장은 생물의 최소 단위인 세포에서 일어나며, 에너지는 화합물 형태로 저장됩니다. 모든 생물은 광합성 작용으로 만들어진 생성물을 생체 내 연료로 사용하고 있으며, 이런 연료를 공급하는 방법이 바로 엽록체에서 일어나는 광합성인 것입니다.

식물은 태양의 빛에너지를 이용하여 포도당($C_6H_{12}O_6$)을 합성하고 산소($O_2$)를 생성합니다. 광합성 결과 생성된 산소는 식물이나 동물이 세포 호흡에 이용하고 이로써 생물이 살아가는 데 필요한 에너지를 얻습니다. 생물이 생명을 유지하는 데 필요한 광합성과 세포 호흡도 산소가 관여하는 대표적인 산화 환원 반응입니다.

식물의 엽록체에서는 광합성 과정으로 이산화 탄소($CO_2$)와 물($H_2O$)이 반응하여 포도당과 물, 그리고 산소가 생성됩니다. 이때 이산화 탄소는 산소를 잃어 포도당으로 환원되고, 물은 산소를 얻어 산소 기체로 산화됩니다. 이것을 화학 반응식으로 나타내면 다음과 같습니다.

$$6CO_2 + 12H_2O \xrightarrow{\text{빛에너지}} C_6H_{12}O_6 + 6H_2O + 6O_2$$

환원 / 산화

세포질과 미토콘드리아에서는 포도당과 산소, 물이 반응하여 이산화 탄소와 물이 생성되고 에너지가 발생하는 세포 호흡이 일어납니다. 이때 포도당은 산소를 얻어 산화되고, 산소 기체는 산소를 잃어 물로 환원됩니다. 이것을 화학 반응식으로 나타내면 다음과 같습니다.

$$C_6H_{12}O_6 + 6H_2O + 6O_2$$
환원
$$6CO_2 + 12H_2O + \text{에너지}$$
산화

광합성과 세포 호흡은 산화 환원 반응을 통해 지구와 생명의 역사를 바꾸는 데 큰 역할을 했습니다.

지구가 탄생한 이후 어느 날 최초의 생명체가 출현하고 광합성을 하는 남세균이 생겨서 생물은 스스로 양분을 합성할 수 있게 되었습니다. 남세균이란 광합성을 통해 산소를 만드는 세균을 말하며 원핵생물로 분류합니다. 광합성 결과 생긴 산소는 지각을 구성하는 철과 같은 금속과 반응하여 지각에 많은 종류의 산화물을 이루었고, 이 물질이 대기로 유입되면서 대기 조성의 변화를 초래했지요.

이후 산소가 풍부해지자 무산소 호흡 생물보다 생존이 유리한 산소 호흡(세포 호흡) 생물이 나타났습니다. 이렇게 광합성과 산소 호흡은 생명 시스템에서의 대표적인 산화 환원 반응으로 지구에 영향을 미치고 있습니다.

### 스스로 광합성을 하는 동물, 바다민달팽이

우리 몸에 엽록체가 있어서 식물처럼 에너지를 스스로 공급할 수 있다면 어떤 일이 벌어질까? 아마도 에너지를 얻기 위해 매일 음식을 먹지 않아도 될 것이고, 한정된 식량 자원을 두고 벌이는 '식량 전쟁'도 줄어들 것이다. 음식을 찾아 움직이는 활동이 둔화될 테니 노동도 덜 필요할 것이며, 나중에는 식물처럼 한 장소에 붙어서 생활할 수도 있을 것이다. 남는 에너지는 새로운 인류문명 발달에 쏟아붓든지, 아니면 더욱 진화된 존재로 지구 시스템과 생명 시스템에서 변화할 것이다.

비록 하등 동물이지만 광합성을 하는 동물종이 과학자들에 의해 발견되었다. 미국 럿거스 대학교(뉴 브런즈윅)를 비롯한 여러 대학 과학자들의 협동 연구에 따르면, 북아메리카 동해안에 서식하는 바다민달팽이(sea slug)는 태양전지 판과 유사한 원리로 태양 에너지를 공급받는다. 바로 해조류를 먹고, 해조류의 엽록체를 소화시키는 대신 몸속에 따로 보관하는 것이다. 이 엽록체를 이용해 광합성을 하며 평생 동안 태양 에너지를 공급받는 것으로 확인되었다. 이 연구는 《분자생물학 및 진화(*Molecular Biology and Evolution*)》 2018년 4월 5일 자에 게재되었다.

## 화석 연료, 문명을 일으키다

석탄, 석유, 천연가스 같은 화석 연료는 약 3억~2억 5000만 년 전에 죽은 동식물의 사체가 땅에 쌓여서 만들어진 지구 시스템의 산물입니다. 오랜 시간이 흐르면서 여러 겹의 지층이 쌓이면 지층의 무게로 수분이 빠져나가 결국 탄소 성분만 남습니다. 여기에 수소가 결합하여 탄화수소($C_mH_n$) 형태를 띠는 석탄, 석유, 천연가스 등으로 우리 생활에 다가오게 된 것입니다.

화석 연료는 긴 시간 동안 지각에 묻혀 있다가 산업혁명 이후 소비가 급증하면서 지구 시스템에 영향을 미치기 시작했습니다. 인류는 화석 연료의 연소 반응을 이용하여 증기 기관 등 다양한 기계를 활용해 문명의 발달을 가속화했지요. 바로 이 연소 반응이 산화 반응의 대표적인 예입니다.

예로부터 인류는 불을 사용하면서 연소 반응을 생활 속에서 활용했습니다. 독일 과학자 발터 네른스트(Walther Nernst)는 "불의 이용은 인류가 자연에서 주도권을 쥐게 될 수 있었던 결정적인 계기이다"라고 말했습니다. 이렇듯 불의 사용은 인류에게 있어서 커다란 혁명과도 같았습니다. 그리스 신화에서는 인간이 최초로 불을 사용하게 된 이야기를 이렇게 전하고 있습니다.

그리스 신화에 등장하는 프로메테우스는 제우스로부터 생명체들을 만들라는 명령을 받고 지상에 내려와 물과 흙을 빚어 여러 생명체들을 창조했습니다. 그리고 마지막에 신들의 형상을 본 따 남자 형상의 인간을 만들었습니다.

프로메테우스가 생명체를 만들 때마다 그의 동생인 에피메테우스는 생명체에게 필요한 것을 주었는데, 모든 생물을 지배하고 관리해야 할 인간의 차례가 되자 특별히 줄 것이 없어서 고민하고 있었습니다. 프로메테우스는 그런 에피메테우스에게 인간에게는 불을 주라고 제안했습니다. 그러나 제우스를 비롯한 신들은 인간이 불을 사용하게 되면 신들을 우습게 여기고 경배하지 않을 것이라며 반대했지요. 그런데도 프로메테우스는 몰래 하늘로 올라가 태양의 마차에서 불을 훔쳐 인간에게 주고 사용법을 가르쳤습니다.

그 결과 인간은 다른 동물들과 달리 불을 두려워하지 않게 되었습니다. 불을 이용해서 추위도 견딜 수 있게 되었고, 음식도 익혀 먹었으며, 다양한 농업용 연장과 사냥용 무기를 만들 수 있게 되었습니다. 결국 불의 사용으로 인간의 개체 수가 급격하게 늘어나 세상을 지배하게 되었다는 이야기입니다.

프로메테우스가 훔쳐 준 불 때문인지, 아니면 우연히 하늘에서 내려친 벼락으로 얻은 불 때문인지는 알 수 없지만, 어쨌든 인간은 불을 사용함으로써 인류 문명을 발달시켰습니다.

가족들과 빨갛게 달궈진 숯불에 고기를 구워 먹어본 적이 있겠지요? 숯이 타면서 발생하는 열로 고기가 익을 때 이산화 탄소도 함께 발생합니다. 숯의 주성분은 탄소이며, 탄소가 산소와 결합하여 이산화 탄소가 되는 과정에서 빛과 열이 발생합니다. 이때 탄소가 산소를 얻는 산화 반응이 진행됩니다.

$$2C + O_2 \rightarrow 2CO_2$$
산화

석유, 석탄, 천연가스 같은 화석 연료의 연소 반응도 산화 반응의 예입니다. 천연가스의 주성분인 메테인($CH_4$)은 탄소와 수소로 이루어져 있습니다. 메테인이 산소와 반응하면 이산화 탄소와 물이 생성됩니다. 이때 메테인에 포함된 탄소가 산소를 얻는 산화 반응이 진행됩니다.

$$CH_4 + 2O_2 \rightarrow CO_2 + 2H_2O$$
산화

이렇게 화석 연료의 연소 반응은 지구 시스템에서의 대표적인 산화 반응으로 오늘날까지 활발히 사용하고 있습니다. 그러나 석탄, 석유, 천연가스와 같은 화석 연료는 매장량이 한정되어 있는 데다가 지구 온난화를 초래하기 때문에, 지구 시스템이 원활하기 위해서는 화석 연료를 대체할 새로운 에너지원 개발이 반드시 필요합니다.

## 제련, 인류의 삶을 바꾸다

주기율표에서 1족 금속 원소인 나트륨이나 2족 금속 원소인 칼슘은 반응성이 매우 커서 공기 중의 산소와 만나면 빠르게 산화되고 금속 특유의 광택이 사라집니다. 반면에 반응성이 상대적으로 작은 아연이나 철과 같은 금속은 나트륨이나 칼슘보다 느리게 산화됩니다.

인류 문명이 발달하면서 여러 가지 금속이 생활에 사용되고 있지만 철은 비교적 쉽게 가공할 수 있으면서도 단단하기 때문에 여러 가지 도구와 무기에 사용해 왔습니다. 주택 등의 건물이나 각종 조형물에도 이용되는 대표적인 생활 친화적인 금속이지요. 인류 문명은 철을 사용하면서 본격적으로 발달했다고 해도 과언이 아닐 정도로 철은 생활에 널리 사용됩니다.

그러나 철은 공기 중의 산소와 만나 산화되어 산화 철Ⅲ($Fe_2O_3$)이 생성되면 본래의 성질을 잃어버립니다. 자전거의 바큇살이나 놀이터의 철봉 등 철로 된 기구가 붉게 녹슨 모습을 흔히 보았을 겁니다. 이 붉은 녹의 주성분이 바로 산화 철입니다.

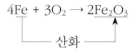

$$4Fe + 3O_2 \rightarrow 2Fe_2O_3$$

산화 환원 반응을 거꾸로 이용하면 산화 철에서 다시 철을 얻을 수 있습니다. 산화 철에서 철을 얻으려면 산화 철에서 산소를 떼어내어 환원해야겠지요. 이러한 과정을 제련이라고 합니다.

고체 탄소를 고운 가루로 만든 코크스(C)와 산화 철을 용광로에 넣고 1500℃ 이상의 높은 온도로 가열하면 코크스가 산소와 결합하여 일산화 탄소(CO)가 생성됩니다. 일산화 탄소는 용광로 속에 들어 있는 산화 철과 반응하여 철과 이산화 탄소를 만들어냅니다. 이때 산화 철은 산소를 잃어 환원되고, 일산화 탄소는 산소를 얻어 산화됩니다.

$$2C + O_2 \rightarrow 2CO$$

$$Fe_2O_3 + 3CO \rightarrow 2Fe + 3CO_2$$

제련 과정을 통해 산화 철은 산소를 잃어 환원되면서 철을 생성하고, 코크스가 산화된 일산화 탄소는 한 번 더 용광로 속에서 산소와 결합하여 이산화 탄소로 산화됩니다.

광합성과 호흡 과정, 화석 연료의 연소 과정, 철의 제련 과정에서의 산화 환원 반응은 지구와 생명의 역사에 어떤 영향을 미쳤을까요? 산화 환원 반응은 인류에게 문명 발달이라는 결과를, 자연에게는 생명 탄생과

### 산화물 속 산소 이동 과정을 밝히다

2017년 《동아사이언스》의 기사에 따르면 국내 한국기초과학지원연구원과 미국 오크리지 국립연구소 공동 연구팀은 같은 해 7월 산화물 속 산소의 이동 과정을 원자 단위 수준에서 관찰하는 기술 개발에 성공했다.

공동 연구팀은 특수 제작한 현미경을 이용해 산화물 속 산소의 이동에 따른 구조 변화를 실시간으로 관찰하는 데 성공했으며, 미래에 고체 산화물을 쓰는 연료 전지의 성능을 개선하는 데 활용할 수 있을 것으로 기대한다고 밝혔다.

고체 산화물 연료 전지는 공기 중에서 공급한 산소가 환원 반응을, 연료로 주입한 수소가 산화 반응을 동시에 진행하여 물을 생성물로 만들며 전기를 생산하는 장치다. 공동 연구팀이 제작한 현미경이 가진 작은 전자빔을 산화물에 아주 짧은 시간 동안 쪼이면 산화물이 훼손되지 않고 원하는 환원 과정을 유도할 수 있다는 것을 실험적으로 증명했다.

이전에는 산소 이온의 이동 경로를 컴퓨터 계산을 통해 간접적으로 예측해 왔지만, 이 연구로 인해 직접 관찰할 수 있는 길이 열렸다는 의미가 있다.

생물종의 다양화 같은 결과를 던져주었습니다.

산소와 결합하는 산화 반응, 산소를 떼어내는 환원 반응은 지구가 현재와 같은 모습으로 변화하기까지 지구 시스템과 생명 시스템이 운용되는 역사에 이렇듯 큰 역할을 했습니다.

**토론 활동** 산화 환원 반응을 주제로 토론하고 글쓰기

1. 산화 환원 반응이 지구와 인류에 미친 영향에 대해 찬반을 나누어 토론 모둠을 만든다.

　찬성 : 산화 환원 반응이 지구의 역사와 인류 문명을 바꾸는 데 크게 영향을 미쳤다.

　반대 : 산화 환원 반응이 지구의 역사와 인류 문명을 바꾸는 데 크게 영향을 미치지 않았다.

2. 모둠이 정한 찬성 또는 반대 주장을 기록하고, 그 주장을 뒷받침할 수 있는 근거 3가지를 쓴다.

　[우리 모둠의 주장]

　[주장에 대한 근거]

● 근거1:

● 근거2:

● 근거3:

3. 과정 2의 내용을 이용하여 찬성 모둠과 반대 모둠이 일대일로 짝을 지어 토론하고, 토론한 내용을 발표한다.

　[찬성 모둠이 토론한 내용]

　[반대 모둠이 토론한 내용]

# 2 산화 환원 반응의 규칙성 찾기

(!) 산화, 환원, 전자 이동, 산화수, 규칙성

산소가 관여하는 산화 환원 반응을 통해 지구 시스템과 생명 시스템이 끊임없이 변화하고 다양해졌다고 했지요. 그런데 물질이 산소를 얻거나 산소를 잃는 산화 환원 과정에서 왜 어떤 물질은 산소를 얻고, 어떤 물질은 산소를 잃을까요? 여기에서 규칙성을 찾기란 쉽지 않습니다. 산소가 관여하지 않는 산화 환원 반응에서는 더더욱 그렇습니다. 그렇다면 산소의 이동이 아닌 다른 기준으로 규칙성을 설명할 수 있지 않을까요?

물질을 구성하는 기본 입자인 원자는 원자핵과 전자로 구성되어 있습니다. 화학 반응은 원자핵 주변에서 운동하는 전자들의 반응입니다. 전자가 이동하거나 결합하면서 다양한 화학 반응의 결과물, 즉 생성물이 만들어지는 것입니다. 이 장에서는 이러한 전자의 이동으로 산화 환원 반응을 어떻게 표현하고 그 규칙성을 설명할 수 있는지 알아보겠습니다.

# 전자가 이동하는 산화 환원 반응

에칭(식각)이라는 기법에 대해 들어본 적이 있나요? 금속 판 위에 질산($HNO_3$)과 같은 강산에 쉽게 반응하지 않는 탄화수소($C_mH_n$) 성분의 왁스나 초 등을 바르고, 표면에 바늘처럼 날카로운 도구로 그림이나 글을 새긴 다음에 다시 질산과 같은 강산으로 부식시켜 만드는 요철 형태 판형 기술을 에칭이라고 합니다. 출판 등 인쇄 작업이나 미술 판화 작품을 만들 때도 많이 쓰는 기법입니다.

에칭에 사용하는 금속은 주로 구리나 아연이며, 이 외에도 강산에 의한 부식, 즉 산화 반응을 할 수 있는 금속이라면 모두 소재로 사용할 수 있습니다.

에칭을 이용한 판화 제작에서 흥미로운 화학 반응은 구리(Cu) 판과 질산 수용액($HNO_3$)의 반응입니다.

$$Cu + 2HNO_3 \rightarrow Cu(NO_3)_2 + H_2$$

위 반응에서 구리 판은 구리 이온($Cu^{2+}$)으로 산화되고, 질산 수용액에 들어 있는 수소 이온($H^+$)은 수소 기체($H_2$)로 환원됩니다. 산소의 이동이 없는데 어떻게 산화 환원 반응이 일어나는 걸까요? 다음 반응을 통해 어떻게 이런 산화 환원이 일어날 수 있는지 알아봅시다.

무색투명한 질산 은($AgNO_3$) 수용액에 붉은색 구리 선을 넣어두면 구리 선 표면에 은백색의 은(Ag)이 석출되고 수용액은 엷은 푸른색으로 변합니다. 이것은 질산 은 수용액 속의 은 이온($Ag^+$)이 전자를 얻어 금속 은이 되고, 동시에 붉은색 구리는 전자를 잃고 구리 이온이 되었기 때문입니다.

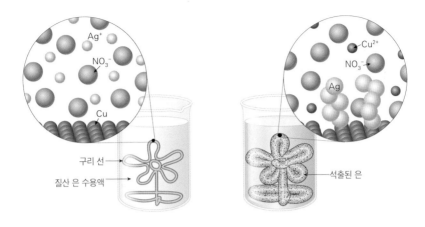

**구리(Cu) 선과 질산 은(AgNO₃) 수용액의 산화 환원 반응**

이때 질산 은 수용액 속에 들어 있는 질산 이온($NO_3^-$)은 전자를 얻거나 잃지 않고 반응이 진행되는 동안 변하지 않았으므로 반응에 참여하지 않은 이온, 즉 구경만 하고 있는 구경꾼 이온입니다.

위 반응을 화학 반응식으로 나타내면 다음과 같습니다.

$$Cu + 2Ag^+ \rightarrow Cu^{2+} + 2Ag$$

여기에서 구리가 전자를 잃는 반응을 산화 반응이라고 하고, 은 이온이 전자를 얻는 반응을 환원 반응이라고 합니다.

질산 은 수용액과 구리와의 반응에서 금속 구리는 전자를 잃고 구리 이온으로 산화되고, 질산 은 수용액 속 은 이온은 전자를 얻어 금속 은으로 환원됩니다. 전자가 이동하는 산화 환원 반응은 항상 동시에 진행되며, 잃어버린 전자 수와 얻는 전자 수는 항상 같습니다. 이를 산화 환원 반응의 동시성이라고 합니다.

$$Cu \rightarrow Cu^{2+} + 2e^- (\text{산화 반응})$$

$$2Ag^+ + 2e^- \rightarrow 2Ag(\text{환원 반응})$$

$$Cu + 2Ag^+ \rightarrow Cu^{2+} + 2Ag(\text{전체 반응})$$

금속과 금속 양이온이 반응하여 화학 반응이 일어날 때 전자가 이동하는 산화 환원 반응의 다른 예로는 황산 구리($CuSO_4$) 수용액과 아연(Zn) 판의 반응이 있습니다.

$$\text{Zn} + \text{Cu}^2 \rightarrow \text{Zn}^{2+} + \text{Cu}$$

산화 / 환원

황산 구리 수용액과 아연의 반응에서 금속 아연은 전자를 잃고 아연 이온($Zn^{2+}$)으로 산화되고, 황산 구리 수용액 속 구리 이온($Cu^{2+}$)은 전자를 얻어 금속 구리(Cu)로 환원됩니다. 황산 구리 수용액과 아연 판의 산화 환원 반응 결과, 아연 판 표면에 붉은색의 구리가 석출되고, 황산 구리 수용액의 푸른색이 옅어집니다. 이때 황산 구리 속에 들어 있는 황산 이온($SO_4^{2-}$)은 전자를 얻거나 잃지 않고 반응이 진행되는 동안 변하지 않았으므로 구경꾼 이온입니다.

금속과 금속 양이온이 반응하여 화학 반응이 일어날 때만 전자가 이동하는 산화 환원 반응이 일어날까요? 금속과 비금속이 반응할 때에도 전자가 이동하는 산화 환원 반응이 일어날 수 있을까요?

금속 나트륨(Na)이 들어 있는 삼각 플라스크에 비금속인 염소 기체

(Cl$_2$)를 넣고 반응시키면 염화 나트륨(NaCl)이 생성되는 모습을 볼 수 있습니다. 이 반응을 화학 반응식으로 나타내면 다음과 같습니다.

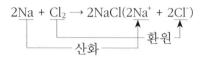

이때 나트륨이 전자를 잃는 반응을 산화 반응이라고 하고, 염소가 전자를 얻는 반응을 환원 반응이라고 합니다. 역시 전자가 이동하는 산화 반응과 환원 반응은 동시에 진행됩니다. 금속 나트륨은 전자를 잃어 나트륨 이온(Na$^+$)으로 산화되고, 동시에 염소는 전자를 얻어 염화 이온(Cl$^-$)으로 환원됩니다. 산화 환원 결과 생긴 나트륨 이온과 염화 이온이 연속적으로 이온 결합하여 고체 염화 나트륨을 형성합니다.

이온 결합이란 금속 양이온과 비금속 음이온이 전기적 인력을 통해 화학 결합하는 것을 말합니다. 이온 결합 화합물은 양이온 주위를 여러 개의 음이온이, 음이온 주위를 여러 개의 양이온이 전기적 인력으로 둘러싸고 있는 결정 구조를 이룹니다. 이온 결합 화합물은 이온들이 사방으로 계속적으로 결합하여 거대한 결정을 이루기 때문에 분자라고 부르지 않습니다.

## 산소의 이동을 전자의 이동으로 설명하다

금속 나트륨(Na)과 염소 기체(Cl$_2$)처럼 금속과 비금속이 산화 환원 반응하여 이온 결합 화합물을 형성하는 반응의 다른 예로 마그네슘(Mg)의 연소 반응이 있습니다.

마그네슘 리본을 공기 중에서 가열하면 산소와 반응하여 산화 마그네슘($MgO$)이 됩니다. 화학 반응식으로 나타내면 다음과 같습니다.

$$2Mg + O_2 \longrightarrow 2MgO(2Mg^{2+} + 2O^{2-})$$

산화 / 환원

위 반응에서 마그네슘은 산소와 결합하여 산화 마그네슘이 생성됩니다. 이때 마그네슘은 산소를 얻는 산화 반응을 하는데, 이 산화 반응은 산소의 이동으로 설명할 수도 있고, 전자의 이동으로 설명할 수도 있습니다. 마그네슘은 산소를 얻거나 전자를 잃는 산화 반응을 하고, 공기 중의 산소는 전자를 얻는 환원 반응을 하는 것입니다. 이때도 마찬가지로 마그네슘이 전자를 잃는 산화 반응과 산소가 전자를 얻는 환원 반응은 동시에 진행됩니다.

금속 마그네슘($Mg$)은 전자를 잃어 마그네슘 이온($Mg^{2+}$)으로 산화되고, 산소는 전자를 얻어 산화 이온($O^{2-}$)으로 환원됩니다. 산화 환원 결과 마그네슘 이온과 산화 이온이 연속적으로 이온 결합하여 고체 산화 마그네슘($MgO$)을 형성합니다.

철($Fe$)이 산소와 반응하여 산화 철Ⅲ($Fe_2O_3$)이 되는 과정을 화학 반응식으로 나타내면 다음과 같습니다.

$$4Fe + 3O_2 \longrightarrow 2Fe_2O_3(4Fe^{3+} + 6O^{2-})$$

산화 / 환원

이때 철이 전자를 잃는 반응을 산화 반응이라고 하고, 산소가 전자를 얻는 반응을 환원 반응이라고 합니다. 역시 전자가 이동하는 산화 반응과 환원 반응은 동시에 진행됩니다. 금속 철은 전자를 잃어 철 이온($Fe^{3+}$)으로 산화되고, 산소는 전자를 얻어 산화 이온($O^{2-}$)으로 환원됩니다. 산화 환원 결과 철 이온과 산화 이온이 연속적으로 이온 결합하여 고체 산화 철을 형성합니다.

## 산화 환원 반응, 제련과 정련에 이용하다

고대 그리스 시칠리아의 왕 히에론 2세는 금을 잘 다루는 장인에게 순금을 주어 금관을 만들게 했습니다. 완성된 금관을 받은 히에론 2세는 불순물이 섞인 것이 아닌가 하고 의심했지만 눈으로는 확인할 수 없어서 그 당시 유명한 학자인 아르키메데스에게 왕관이 순금으로 만들어졌는지 알아보도록 의뢰했습니다.

금관을 부수거나 녹이지 않고 문제를 해결하기 위해 고심하던 아르키메데스는 물이 가득 찬 욕조에 들어갔다가 물이 넘치는 것을 관찰하고 문제를 해결하게 되었습니다. 여러분도 잘 알고 있는 밀도의 개념을 이용한 것입니다. 서로 다른 밀도의 물질은 질량이 같더라도 부피가 다릅니다. 그래서 물에 넣었을 때 차오르는 물의 양이 다르다는 사실을 이용했지요.

그런데 만약 아르키메데스가 화학적·전기적 방법을 이용할 수 있었다면, 어떤 방법을 사용해 왕관에 은 같은 불순물이 섞였는지 알아냈을까요? 히에론 2세가 왕관을 녹이거나 분해해도 된다고 허용했다면요? 아르키메데스는 금속 제련이나 정련 방법을 사용했을지도 모릅니다.

제련이란 광석을 용광로에 넣고 녹여서 화학적·전기적 방법을 이용하여 광석에 포함된 특정 금속을 분리 및 추출하고 정제하는 일을 말합니다. 정련은 광석이나 기타 원료에 들어 있는 금속을 뽑아내어 정제하는 일입니다. 정제의 사전적 의미는 물질에 섞인 불순물을 없애 그 물질을 더 순수하게 하는 것입니다. 결국 제련이나 정련, 그리고 정제 과정은 모두 물질의 순도를 높이는 과정입니다.

구리(Cu)는 전기 전도성이 다른 금속에 비해 크기 때문에 알루미늄(Al)과 함께 전선으로 많이 이용되는 금속입니다. 구리는 일반적으로 지각에 매장된 황동석($Cu_2Fe_2S_4$)같이 구리와 철의 황화물로 구성된 광물로부터 얻을 수 있는데, 구리에 불순물이 섞여 있으면 전기 전도성이 떨어집니다. 그래서 순도가 높은 구리를 얻기 위해 불순물을 제거하는 것이 중요한 공정 중 하나입니다. 이때 사용하는 방법이 전기 분해입니다.

전기 에너지를 이용해 전기 분해하면 (-)극에서는 환원 반응이, (+)극에서는 산화 반응이 일어납니다. 불순물이 포함된 구리를 (+)극에, 순수한 구리를 (-)극에 연결하고 산화 환원 반응이 일어나도록 전기 에너지를 공급하면 (-)극에서 순수한 구리를 더 얻을 수 있습니다. 이러한 공정을 구리의 제련이라고 합니다.


## 생활 속의 산화 환원 반응

'형설지공(螢雪之功)'이라는 말을 들어본 적이 있나요? 글자 풀이 그대로는 '반딧불·눈과 함께 하는 노력'이라는 뜻인데, 고생을 하면서 부지런하고 꾸준하게 공부하는 자세를 이르는 말입니다.

중국 진나라에 차윤이라는 사람이 있었습니다. 그는 너무 가난하여 등불을 밝힐 기름조차 살 돈이 없었습니다. 그래도 글 읽기는 포기하지 못해 집 주변의 숲에서 반딧불이를 잡아 반딧불이가 내는 빛으로 글을 읽었다고 합니다. 그러므로 여기서 반딧불은 반딧불이가 내는 불빛을 뜻합니다.

반딧불이 한 마리가 내는 빛의 밝기는 약 3lx[1] 정도 되는데, 학교 교실의 밝기가 평균 400lx 정도이니 반딧불이 약 130여 마리를 모아 놓으면 교실도 밝힐 수 있겠네요.

반딧불이가 만드는 빛은 짝을 찾기 위해 암컷과 수컷이 보내는 신호입니다. 반딧불이는 루시페린이라는 발광 물질과 루시페레이스라는 발광 효소가 들어 있는 특수 세포를 만드는데, 여기에 공기 중의 산소가 공급되면 아데노신 삼인산(ATP)이라는 물질이 생깁니다. 이 물질이 루시페레이스와 결합하여 불안정한 물질이 되었다가 안정한 물질로 바뀌는 과정에서 빛을 냅니다.

반딧불이의 빛은 계속 빛나는 게 아니라 켜졌다 꺼졌다 합니다. 이런 깜빡임은 반딧불이의 발광체와 맞붙어 있는 미토콘드리아가 산소를 사용할 때와 멈출 때 나타나는데, 산화 질소라는 물질이 이를 조절해 반딧불이가 빛을 켜고 끌 수 있도록 스위치의 역할을 하는 것입니다. 반딧불이가 빛을 내는 과정에서 미토콘드리아가 산소를 얻는 반응, 즉 산화 반응이 일어납니다.

반딧불이가 산화 환원 반응을 이용하듯이, 우리도 일상생활 속 여러 분야에서 산화 환원 반응을 이용하고 있습니다. 예를 들어 겨울철에 사

---

1  조명의 밝기를 나타내는 단위. 룩스라고 읽는다.

용하는 철가루가 들어 있는 손난로, 머리카락을 염색하기 위해 바르는 염색약, 범죄 현장에서 과학 수사관이 범인의 혈흔을 찾기 위해 이용하는 루미놀 반응, 축제 분위기를 화려하게 만들기 위해 밤하늘에 쏘아 올린 불꽃놀이용 폭죽, 바다나 산악 지역에서 조난자를 찾기 위해 쏘는 조명탄 등이 산화 환원 반응을 이용한 사례들입니다.

손난로에 들어 있는 철가루($Fe$)가 산소($O_2$)와 만나 산화 철Ⅲ($Fe_2O_3$)이 되는 과정에서 열이 발생합니다. 과학 수사관들은 루미놀 용액을 이용하여 핏자국을 찾아냅니다. 범죄 수사에 사용되는 루미놀 용액에는 과산화 수소($H_2O_2$)가 혼합되어 있습니다. 혈액의 헤모글로빈 속 철 이온($Fe^{2+}$)이 과산화 수소에서 산소를 떼어내고, 이렇게 떨어진 산소가 루미놀 용액을 산화시켜 푸른색 빛을 내지요. 염색약에 들어 있는 과산화 수소는 머리카락의 멜라닌 색소를 산화시켜 머리카락을 탈색시킵니다.

역사적인 유물과 관련된 산화 환원 반응 사례도 있습니다. 중국 진시황의 무덤 속에서 발견된 병마용은 처음 무덤에 들어갔을 때는 화려하게 채색된 상태였습니다. 그러나 인간이 발굴하면서 공기 중의 산소와 반응하여 산화 반응이 일어난 탓에 색이 일부 변색되거나 탈색되었습니다.

고려청자의 겉에서 드러나는 비췻색은 고려청자를 만들 때 바르는 유약이나 흙에 포함된 산화 철Ⅲ($Fe_2O_3$)이 공기가 차단된 가마에서 일산화 탄소($CO$)와 반응하여 산화 철Ⅱ($FeO$)로 산화 환원 반응하여 나타난 색입니다.

**제작 활동** **나만의 손난로 만들기**

준비물 : 철가루, 고운 소금, 숯가루(활성탄), 질석 가루(보온재로 사용하는 물질로 보통 화분 분갈이용으로 사용함), 종이컵, 숟가락, 부직포 주머니, 유성펜, 스테이플러

1. 유성펜을 이용하여 부직포 주머니에 나만의 손난로를 위한 멋진 그림을 그린다.
2. 종이컵에 철가루 한 숟가락을 넣는다.
3. 2의 종이컵에 고운 소금 한 숟가락을 넣는다.
4. 3의 종이컵에 숯가루(활성탄) 한 숟가락을 넣는다.
5. 4의 종이컵에 질석 가루 두 숟가락을 넣고 잘 섞는다.
6. 혼합된 5의 재료를 부직포 주머니 안에 넣는다.
7. 부직포 주머니 안에 물을 한 숟가락 넣고 스테이플러를 이용해 입구를 막는다.
8. 완성한 손난로를 사용해 보고, 제작 과정에서 일어난 화학 반응을 조사한다.

예) 질석 가루의 역할은 무엇인가?

소금을 넣는 까닭은 무엇인가?

# 3 산과 염기는 어떻게 구별할까?

(!) 산성과 염기성, 공통 이온, 수소 이온, 수산화 이온, 지시약

**화**려하게 핀 꽃의 색깔이 다양한 이유는 무엇일까요? 꽃이 피는 시기에 맞추어 꽃의 세포 안에 색소가 고임으로써 꽃마다 특유의 아름다운 색이 만들어지기 때문입니다.

꽃의 색소는 식물의 세포 안에서 다양한 화학 반응을 거쳐 만들어집니다. 색소는 다양한 구조를 가지고 있으며 그 구조에 따라 정해진 색깔(파장)의 빛을 흡수하고 반사하여 다른 색깔이 되는 것입니다.

수국은 토양이 산성이면 파란색 꽃을 피우고, 염기성이면 붉은색 꽃을 피웁니다. 그러므로 수국 꽃의 색깔로 수국이 피어 있는 토양에 녹아 있는 물질이 산인지 염기인지를 알 수 있습니다.

이번 장에서는 산과 염기 물질을 어떻게 구별할 수 있는지에 대해서 알아봅시다.

# 산은 산이요, 염기는 염기로다

'산은 산이요, 물은 물이로다.'

불교의 한 종파인 선종의 유신이라는 중국 스님이 설법한 말입니다. 우리나라에서는 성철 스님이 일반인에게 전해서 유명해졌지요. 이 장에서는 이 말씀을 인용하여 산과 염기를 배우는 여러분에게 '산은 산이요, 염기는 염기로다'라는 산과 염기의 존재론으로 이야기를 시작하고 싶습니다.

수국 꽃은 한 가지 색소만 가지고 있습니다. 이 색소는 안토사이아닌이라고 하는데, 수국 꽃받침의 색소 세포 속에 있습니다. 안토사이아닌은 꽃이나 과일 등에도 포함된 색소로서 수소 이온 농도(pH)에 따라 빨간색, 보라색, 파란색을 나타냅니다.

수국 꽃 색깔을 바꾸는 원인 중 하나는 수국이 토양에서 흡수하는 알루미늄 이온($Al^{3+}$)의 양입니다. 수국에 들어 있는 안토사이아닌은 알루미늄 이온과 만나면 파랗게 되는 성질이 있습니다. 토양에 산이 녹아 있으면 수국이 알루미늄 이온을 흡수하기 쉬워지기 때문에 꽃의 색깔이 파래집니다. 반면에 토양에 염기가 녹아 있으면 수국이 알루미늄 이온을 흡수하기 어려워지므로 붉은색을 띱니다.

같은 장소에 심은 수국이라도 뿌리가 뻗은 토양의 산성과 염기성 정도에 따라 서로 다른 색깔의 꽃이 피는 것입니다.

다시 말해, 수국 꽃 색이 파랗다면 뿌리가 뻗은 토양 속에 산이 존재하는 것이고, 붉다면 토양 속에 염기가 존재하는 것입니다. 이러한 현상을 산과 염기의 존재론으로 말하면, 다음과 같이 말할 수 있습니다.

'수국 꽃을 파랗게 물들이는 토양은 산이요, 수국 꽃을 붉게 물들이는 토양은 염기로다.'

### 과일에는 어떤 산이 들어 있을까?

**말산** : 사과산이라고도 불리는 말산은 대개 익지 않은 과일에 많이 들어 있다. 풋사과의 신맛은 말산 때문이며 과일이 익을수록 말산의 양은 감소한다.

**시트르산** : 구연산이라고도 불리는 시트르산은 천연의 감귤 과즙이나 오렌지, 레몬 등에 많이 함유되어 있고, 설탕, 당질, 녹말, 포도당의 발효에 의해 얻어지는 물질로 강한 신맛을 낸다. 일반적으로 음료수나 과일 관련 가공 식품을 만드는 데 첨가물로 쓰인다.

**타르타르산** : 포도산이라고도 불리는 타르타르산은 포도를 발효시킬 때 부산물에서 얻어진다. 타르타르산은 탄산 음료, 발포정, 과실 젤리에서 신맛을 내는 물질로 널리 이용된다.

산과 염기는 우리 주변의 다양한 곳에 존재합니다. 수국의 꽃 색깔을 바꾸는 토양 속, 특유의 신맛을 내는 과일은 물론 치약이나 빵을 만드는 데 사용하는 베이킹파우더 속에도 다양한 산과 염기가 존재하지요. 베이킹파우더는 탄산수소 나트륨($NaHCO_3$)이 주요 성분입니다. 베이킹파우더에 열을 가하면 탄산 나트륨($Na_2CO_3$)과 물($H_2O$) 그리고 이산화 탄소($CO_2$)가 발생하여 빵이 부풀어 오릅니다.

산과 염기는 우리 몸속에도 존재합니다. 위액에는 염산이 들어 있어 위 내부는 강한 산성을 띱니다. 염산은 소화 효소의 작용을 돕고 세균을 죽이는 역할을 합니다. 혈액이나 침, 또는 십이지장으로 분비되는 이자액 속에는 염기가 녹아 있습니다. 특히 입에서 음식물이 세균에 의해 분해되면 산이 생기므로 입안은 약한 산성을 띠게 되는데, 이때 약한 염기성인 침이 분비되면 입안은 다시 약한 염기성이 됩니다.

## 산과 염기의 성질

과일 중에 신맛이 느껴지는 것들이 있습니다. 사과, 레몬, 귤, 포도, 자두, 키위, 복숭아 등이 그렇습니다. 신맛은 먹을 수 있는 산이 공통적으로 나타내는 성질 중 하나입니다. 사과에는 말산, 레몬이나 귤에는 시트르산(구연산), 파인애플이나 포도에는 타르타르산이라는 물질이 각각 들어 있어서 특유의 신맛을 냅니다.

일반적으로 산은 신맛을 내며 금속을 부식시키거나 화상을 입히기도 합니다. 이렇게 산은 다른 물질과 구별되는 성질이 있지요. 여러 가지 산이 녹아 있는 산 수용액이 나타내는 공통적인 성질을 산성이라고 합니다.

또한 산은 마그네슘(Mg)과 같은 금속과 반응하여 수소 기체를 발생시키고, 탄산 칼슘($CaCO_3$) 같은 탄산염과 반응하여 이산화 탄소($CO_2$) 기체를 발생시키며, 수용액 속에서 전류를 흐르게 하는 성질이 있습니다. 산의 종류가 달라도 이러한 성질은 공통적으로 나타납니다.

먹을 수 있는 염기는 대체로 쓴맛이 납니다. 일반적으로 염기는 미끈거리고 단백질을 녹이며, 대부분의 금속과 반응하지 않고, 전류를 흐르게 하는 성질이 있습니다. 이렇게 산과 마찬가지로 염기 역시 다른 물질과 구별되는 성질이 있습니다. 여러 가지 염기가 물에 녹아 있는 염기 수용액이 나타내는 공통적인 성질을 염기성이라고 하며, 이러한 성질은 염기의 종류가 달라도 똑같이 나타납니다.

화장실 세면대나 욕실 배수구가 머리카락 등으로 막히면 하수구 세척

| 산의 성질 | 염기의 성질 |
|---|---|
| ① **수용액 상태에서 전기 전도성이 있다.**<br>산의 수용액에 이온이 존재하므로 수용액 상태에서 전류가 흐른다. | ① **수용액 상태에서 전기 전도성이 있다.**<br>염기의 수용액에 이온이 존재하므로 수용액 상태에서 전류가 흐른다. |
| ② **금속과 반응해 수소 기체를 발생시킨다.**<br>산은 마그네슘(Mg), 아연(Zn), 철(Fe) 등과 반응하여 수소 기체를 발생시킨다. | ② **대부분의 금속과 반응하지 않는다.** |
| ③ **탄산 칼슘과 반응해 이산화 탄소 기체를 발생시킨다.**<br>탄산 칼슘($CaCO_3$)이 주성분인 달걀 껍질이나 석회석이 산의 수용액과 만나면 이산화 탄소 기체가 발생한다. | ③ **단백질을 녹인다.**<br>염기는 단백질을 녹이므로 손으로 만지면 미끈거린다. |

**산과 염기 각각의 성질**

제를 사용하지요. 이 세척제는 수산화 나트륨(NaOH)이 주성분인 염기성 용액입니다. 수산화 나트륨은 단백질 성분을 녹이기 때문에 하수구에 낀 머리카락 등을 녹이는 것입니다. 그러니 만약 모피 같은 동물성 섬유로 만든 옷을 세탁할 때 염기성 세제를 사용한다면, 뒷일은 설명하지 않아도 상상이 가겠지요?

산과 염기의 성질, 즉 산성과 염기성은 어떻게 확인할 수 있을까요? 전기 전도도 측정 장치, 금속, 탄산염, 지시약 등 여러 가지 방법이 있습니다.

산은 수용액 상태에서 전기 전도성이 있으며, 마그네슘(Mg)이나 아연(Zn) 및 철(Fe)과 같은 금속과 반응하여 수소 기체($H_2$)를 발생시킵니다. 또한 달걀 껍데기나 석회석의 주성분 물질인 탄산 칼슘($CaCO_3$)과 반응하여 이산화 탄소 기체를 발생시킵니다.

반면에 염기는 수용액 상태에서 산과 마찬가지로 전기 전도성이 있지만, 마그네슘이나 아연 및 철 등 대부분의 금속과 반응하지 않습니다. 탄산 칼슘과 반응하지도 않으며, 단백질을 녹이는 성질이 있어서 염기 물질로 만든 비누를 손으로 만지면 미끈거립니다.

산 수용액, 중성 수용액, 염기 수용액에 각각 페놀프탈레인 용액이나 BTB 용액 또는 메틸 오렌지 용액과 같은 지시약을 두세 방울 넣으면 아래 그림처럼 여러 가지 색깔을 나타냅니다

'온도가 일정할 때 기체의 압력과 부피는 반비례한다'라는 보일 법칙에 대해 들어본 적 있나요? 보일 법칙은 영국의 과학자 로버트 보일(Robert Boyle)이 정리한 기체와 관련된 법칙입니다. 기체 법칙을 연구한 보일은 지시약에 대해서도 많은 연구를 진행했습니다.

어느 날 보일은 실험실에서 황산염으로부터 황산($H_2SO_4$)을 증류할 때 나오는 황산 기체가 실험대 위에 있는 바이올렛 꽃으로 날아가는 모습을 보았습니다. 꽃에 산의 증기가 묻었다고 생각한 보일은 이 바이올렛 꽃을 씻으려고 컵 속의 물에 담가 두었습니다.

그런데 얼마 후 컵을 보았더니 보라색이었던 바이올렛 꽃이 빨갛게 변해 있었습니다. 바로 바이올렛 꽃에 다른 산 용액을 떨어뜨려 보았더니 이내 빨갛게 되었지요. 바이올렛 꽃잎 성분을 물이나 알코올로 추출하여 산 용액에 한 방울 떨어뜨려 보았더니 역시 빨갛게 변하는 것을 확인했습니다.

이후 보일은 여러 가지 약초, 튤립, 자스민, 배꽃, 리트머스 이끼 등

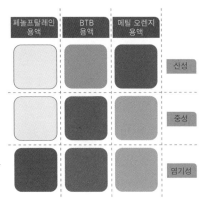

**산성, 중성, 염기성에서 지시약의 색깔**

의 추출액을 만들어 실험해 보았습니다. 균류와 조류의 공생체인 지의류에 속하는 리트머스 이끼에서 얻은 추출액에 종이를 담근 다음에 말린 리트머스 종이를 준비했습니다. 말린 리트머스 종이는 산에서 붉은색을, 염기에서 푸른색을 나타냈습니다. 이 리트머스 종이는 오늘날까지 널리 쓰이고 있습니다.

이처럼 지시약을 사용하여 산과 염기를 눈으로 쉽게 확인할 수 있습니다. 지시약의 색 변화로 용액이 산성인지, 중성인지, 염기성인지 알 수 있지요. 이런 역할을 하는 지시약으로는 리트머스 용액, 페놀프탈레인 용액, 메틸 레드 용액, 메틸 오렌지 용액, 티몰 블루 용액, BTB 용액 등이 있습니다.

보라색 양배추를 끓인 추출액도 지시약으로 사용할 수 있습니다. 보라색 양배추 추출액은 산성에서 붉은색, 중성에서 보라색, 염기성에서는 푸른색을 띱니다. 양배추에 포함된 보라색 색소가 산성과 염기성에 따라 다른 색을 띠기 때문에 액성에 따라 다른 색이 나타납니다.


## 산성과 염기성, 공통 이온이 말하다

산은 종류가 다르더라도 수용액 상태에서 전기 전도성이 있고, 마그네슘이나 아연 및 철과 같은 금속과 반응하여 수소 기체를 발생시키며, 탄산 칼슘과 반응하여 이산화 탄소 기체를 발생시킨다고 앞서 이야기했습니다.

염기도 마찬가지입니다. 염기의 종류가 다르더라도 수용액 상태에서 전기 전도성이 있고, 마그네슘이나 아연 및 철 등 대부분의 금속과 반응하지 않고, 탄산 칼슘과 반응하지도 않으며, 단백질을 녹이는 성질이 있어서 손으로 만지면 미끈거립니다.

그런데 종류가 다른 산과 염기가 각각 이런 공통적인 모습을 보이는 까닭은 무엇일까요?

스웨덴의 화학자이자 물리학자인 스반테 아레니우스(Svante Arrhenius)는 산과 염기를 다음과 같이 정의했습니다.

수용액 상태에서 수소 이온($H^+$)을 내놓는 물질을 산이라고 하고, 수용액 상태에서 수산화 이온($OH^-$)을 내놓는 물질을 염기라고 한다.

아레니우스는 산과 염기 모두 수용액 상태에서 특정 이온을 내놓는다고 정의했습니다. 여기에서 산과 염기는 물에 녹은 수용액 상태에서 전류가 흐르므로 전하를 띠는 이온이 있다는 것을 유추할 수 있습니다. 그러므로 산과 염기에는 각각 공통적인 이온이 들어 있음을 알 수 있습니다.

대부분의 산과 염기는 물에 녹아 수용액 상태에서 전류가 흐르는 물질, 즉 전해질입니다. 산과 염기가 물에 녹으면 전하를 띠는 양이온과 음이온으로 나누어지면서 각각 산의 공통 이온과 염기의 공통 이온을 내놓습니다.

산은 수용액 상태에서 수소 이온과 산의 이름을 결정해 주는 음이온으로 이온화됩니다. 예를 들어 염산($HCl$)은 수소 이온과 염화 이온($Cl^-$)으로 이온화되고, 아세트산($CH_3COOH$)은 수소 이온과 아세트산 이온($CH_3COO^-$)으로, 황산($H_2SO_4$)은 수소 이온과 황산 이온($SO_4^{2-}$)으로, 탄산($H_2CO_3$)은 수소 이온과 탄산 이온($CO_3^{2-}$)으로 각각 이온화됩니다.

$$HCl \rightarrow H^+ + Cl^-$$
염산　　　수소 이온　염화 이온

$$CH_3COOH \rightarrow H^+ + CH_3COO^-$$
아세트산　　　수소 이온　　아세트산 이온

$$H_2SO_4 \rightarrow 2H^+ + SO_4^{2-}$$
황산　　　수소 이온　　황산 이온

$$H_2CO_3 \rightarrow 2H^+ + CO_3^{2-}$$
탄산　　　수소 이온　　탄산 이온

산이 물에 녹아 이온화될 때, 공통적으로 수소 이온을 내놓음으로써 산의 공통적인 성질을 나타냅니다. 즉, 어떤 물질이 물에 녹아 이온화될 때 수소 이온을 내놓으면 그 물질은 산이라고 정의할 수 있습니다.

염기는 수용액 상태에서 수산화 이온($OH^-$)과 염기의 이름을 결정해 주는 양이온으로 이온화됩니다. 예를 들어 수산화 나트륨($NaOH$)은 수산화 이온과 나트륨 이온($Na^+$)으로 이온화되고, 수산화 칼륨($KOH$)은 수산화 이온과 칼륨 이온($K^+$)으로 이온화되며, 수산화 칼슘($Ca(OH)_2$)은 수산화 이온과 칼슘 이온($Ca^{2+}$)으로 이온화되고, 수산화 바륨($Ba(OH)_2$)은 수산화 이온과 바륨 이온($Ba^{2+}$)으로 각각 이온화됩니다.

$$NaOH \rightarrow OH^- + Na^+$$
수산화 나트륨　　　수산화 이온　　나트륨 이온

$$KOH \rightarrow OH^- + K^+$$
수산화 칼륨　　　수산화 이온　　칼륨 이온

$$Ca(OH)_2 \quad \rightarrow \quad 2OH^- \quad + \quad Ca^{2+}$$

수산화 칼슘          수산화 이온      칼슘 이온

$$Ba(OH)_2 \quad \rightarrow \quad 2OH^- \quad + \quad Ba^{2+}$$

수산화 바륨          수산화 이온      바륨 이온

염기가 물에 녹아 이온화될 때, 공통적으로 수산화 이온을 내놓음으로써 염기의 공통적인 성질을 나타냅니다. 즉, 어떤 물질이 물에 녹아 이온화될 때 수산화 이온을 내놓으면 그 물질은 염기라고 정의할 수 있습니다.

## 이산화 탄소 농도가 환경에 미치는 영향

화석 연료를 사용하면 할수록 이산화 탄소 배출량도 늘어갑니다. 이 때문에 지구 온난화가 가속화되고 있다는 사실은 오래전부터 방송 등에서 다루고 있었기 때문에 크게 놀랄 일도 아니지요. 우리나라도 예외는 아닙니다.

기상청 사이트의 '기상 자료 개방 포털(http://data.kma.go.kr)'에 들어가서 '데이터 → 기후 변화 → 온실 가스 → 자료 형태(년 자료) → 기간(전체) → 지점(안면도) → 요소(평균 이산화 탄소 배경 대기 농도) → 조회' 순서로 설정하면 한반도의 이산화 탄소 대기 농도가 증가하고 있다는 것을 직접 확인할 수 있습니다.

2019년 전 세계 곳곳에서 기나긴 폭염이 이어져, 지구에서의 삶을 걱정하고 화성으로의 이주까지 생각할 지경이 되었습니다. 무분별하게 화석 연료를 사용한 결과, 지구가 자정 능력을 잃고 지구 온난화의 재앙이 곧

닥쳐 올 것이라는 공포를 실감하기도 했습니다. 사람들은 텔레비전 화면에서 극지방의 빙하가 와르르 녹는 모습을 보면서 부랴부랴 친환경 에너지를 찾고, 플라스틱 사용량을 줄이기도 했습니다.

지상에서 배출되는 이산화 탄소가 대체 지구 환경에 어떤 영향을 미치기에 이런 일이 벌어질까요? 대기 중 이산화 탄소의 농도가 증가하면 왜 바닷물의 산성화가 진행될까요? 바다의 산성화가 진행된다면 산호나 조개류의 개체 수에 어떤 영향을 줄까요?

대기 중에 배출된 이산화 탄소가 바닷물에 녹아 농도가 증가하면 이산화 탄소가 물과 반응해 탄산($H_2CO_3$)이 만들어지면서 물속에서 수소 이온($H^+$)이 생성됩니다. 수소 이온이 바닷물에 녹아 있는 탄산 이온($CO_3^{2-}$)과 반응하면 바닷물의 탄산 이온이 소비됩니다.

탄산 이온의 농도가 일정한 값까지 내려가면 탄산 칼슘($CaCO_3$)에서 탄산 이온이 바다로 공급되면서 산호나 플랑크톤의 골격을 이루는 탄산 칼슘이 녹기 시작합니다. 해양 생태계의 기본을 이루는 산호나 플랑크톤이 사라지면 바다 전체 생태계가 무너질 수 있습니다.

대기 중 이산화 탄소 농도가 증가하면 바닷물의 산성화 이외에 어떤 일이 생길까요? 지구 온난화가 가속되면서 해수 온도가 급격하게 상승합니다. 해수 온도의 급격한 상승으로 산호가 하얗게 말라 죽는 백화 현상이 나타납니다.

산호는 높은 수온에서 자라는 특성이 있는데, 지구 온난화에 따른 해수 온도의 급격한 상승으로 산호가 크게 번성하였다가 죽게 되면서 연안 암반 지역에서 해조류가 사라지고 흰색의 석회 조류가 달라붙어 암반 지역이 흰색으로 변하는 현상이 발생하게 됩니다.

지구 환경에 영향을 주는 산과 염기의 또 다른 예로 산성비를 들 수 있

| 대기 중에 배출된 이산화 탄소($CO_2$)가 바닷물에 녹는다. |
|---|

| 바닷물에 녹은 이산화 탄소가 물과 반응하여 탄산($H_2CO_3$)을 만든다.<br>$CO_2 + H_2O \rightarrow H_2CO_3$ |
|---|

| 탄산은 수소 이온($H^+$)과 탄산수소 이온($HCO_3^-$)으로 이온화되어,<br>바닷물이 수소 이온 때문에 산성화된다.<br>$H_2CO_3 \rightarrow H^+ + HCO_3$ |
|---|

| 수소 이온이 바닷물에 녹아 있는 탄산 이온과 반응하여<br>산호나 플랑크톤의 골격을 이루는 탄산 칼슘($CaCO_3$)을 녹인다. |
|---|

**바닷물의 산성화 영향**

습니다. 산성비의 영향으로 삼림이 말라 황폐해지거나 호수나 토양을 산성화시키는 등 환경에 주는 악영향이 오래전부터 지적되어 왔습니다.

식물이 잘 자라려면 질소 화합물이나 염기성 물질이 필요하기 때문에 식물은 토양에서 뿌리를 통해 이런 물질을 끊임없이 흡수합니다. 그래서 같은 토양에 오랫동안 한 가지 농작물을 심으면 결국 식물이 흡수할 질소 화합물이나 염기성 물질이 사라지고, 대신 그 자리에 산성 물질만이 남아 토양을 산성화시킵니다.

토양이 산성화되면 식물이 잘 자라지 않습니다. 이런 경우 염기성 물질을 토양에 뿌려야 합니다.

우리나라는 강이나 호수보다는 토양의 산성화가 심하지만, 북유럽의

**잠깐! 더 배워봅시다**

## 나트론 호수와 니오스 호수, 염기성을 가진 호수의 비밀

나트론 호수는 화산 활동의 영향으로 물에 탄산 나트륨 함량이 많아서 강한 염기성을 가진다. 건기가 되면 물 양이 줄어들어 소금의 농도가 올라가고, 자연스럽게 소금을 좋아하는 미생물이 번성한다.

이 미생물들은 광합성을 해서 양분을 얻는데, 미생물이 가지고 있는 붉은 광합성 색소로 인해 호수 깊은 곳은 붉은색을 띠고 상대적으로 얕은 곳은 주황색을 띠며, 수면 가까운 곳은 분홍색을 띤다.

니오스 호수는 카메룬에 있는 호수로 화산의 분화구에 물이 고여서 형성되었다. 호수 아래의 높은 압력으로 녹아 있던 많은 양의 이산화 탄소가 역전 현상으로 인해 구름 형태로 호수 밖으로 방출되어 호수를 흙빛으로 물들인다.

나트론 호수

니오스 호수

스웨덴이나 핀란드에서는 물고기는커녕 미생물조차 살기 힘들 정도로 산성화된 호수가 많습니다. 염기성 호수도 존재하는데, 아프리카 탄자니아의 나트론(Natron) 호수와 카메룬의 니오스(Nyos) 호수는 세계적으로 유명한 염기성 호수입니다.

이렇게 우리가 생활하는 지구에서 산과 염기는 생활에 편리함을 주기도 하지만, 미래의 삶을 경고하기도 합니다. 그러므로 과학에 대한 폭 넓은 이해와 통합적 사고로, 미래 환경을 위해 실천할 수 있는 일을 찾는 노력이 필요합니다. 지구 환경은 이렇듯 여러분의 손길을 기다리고 있습니다.

그리기 활동 **천연 지시약으로 그림 그리기**

준비물 : 보라색 양배추, 냄비, 끓인 물, 집게, 종이컵, 면봉, 엽서, 산성 용액
(식초, 탄산 음료, 과일 주스 등), 염기성 용액(식용 소다를 녹인 용액, 제산
제 수용액 등)

1. 보라색 양배추를 손으로 잘게 뜯어 냄비에 넣는다.
2. 끓인 물을 냄비에 붓고 보라색 성분이 빠져나올 때까지 기다린다.
3. 집게로 양배추를 덜어내고 보라색 물을 상온에서 식힌다.
4. 가정에서 쉽게 준비할 수 있는 여러 가지 산성, 염기성 용액을 종이컵에
   조금씩 준비한다.
5. 4에서 준비한 산성, 염기성 용액을 면봉으로 찍어서 엽서에 그림을 그린
   후 엽서를 말린다.
6. 엽서를 가족이나 친구에게 전달한다.
7. 엽서를 받은 사람은 3에서 준비한 양배추 지시약을 엽서에 묻혀 엽서 속
   그림이 무엇인지 알아낸다.

# 4 생활 구석구석에서 일어나는 중화 반응

ⓘ 지시약, 중화 반응, 구경꾼 이온, 알짜 이온 반응식, 중화열

옛날 어느 마을에 사이가 좋은 보라색 양배추 자매가 살았습니다. 어느덧 둘은 나이가 들어 결혼할 때가 되었습니다. 둘은 결혼을 하더라도 우애는 변치 말자고 굳게 약속했지요. 언니는 윗마을의 식초 군을 만나 결혼했고, 동생은 아랫마을의 비눗물 군을 만나 결혼했습니다.

결혼 후 보라색 양배추 자매는 부모님 댁에서 처음으로 만나게 되었습니다. 그런데 이게 웬일입니까! 영원히 변치 말자던 약속은 온데간데없이 언니는 얼굴색이 붉게 변했고, 동생은 푸르게 변해버렸습니다.

보라색 양배추 자매의 얼굴이 변한 까닭은 무엇일까요? 보라색 양배추에 포함된 색소가 산성과 염기성에 따라 다른 색을 띠기 때문입니다. 그래서 언니는 붉게 변했고, 동생은 푸르게 변한 것이지요. 그렇다면 만일 산성인 식초와 염기성인 비눗물이 만나면 어떻게 될까요?

이번 장에서는 물질과 물질이 상호 작용하여 다른 물질로 변화하는 대표적인 화학 반응인 산과 염기의 중화 반응에 대해서 알아보고, 이 사례를 통해 화학 변화의 규칙성을 어떻게 설명할 수 있는지 살펴보겠습니다.

## 산과 염기가 만나 중화 반응을 일으키다

국보 제126호 무구정광대다라니경은 불국사 삼층석탑 사리장엄구에서 나왔습니다. 1966년 10월 불국사 석가탑을 보수하기 위해 해체하다가 발견된 불교 경전으로 현존하는 목판 인쇄물로는 세계에서 가장 오래된 것입니다.

닥나무로 만든 한지에 인쇄된 무구정광대다라니경은 약 1200년이라는 세월을 견뎌 지금에 이르렀습니다. 이 인쇄물이 1000년이 넘도록 보존된 까닭은 한지로 만들었기 때문입니다. 한지는 화학 반응을 쉽게 하지 않는 중성지입니다. 보통 신문지나 책을 만드는 종이는 펄프지로 만든 산성지이기 때문에 시간이 지나면 누렇게 변하면서 삭아버리지만, 한지는 천연 잿물에 닥나무를 삶아 만들기 때문에 산성이었던 종이가 중화되어 중성지로 변합니다.

즉, 우리의 전통 한지는 천연 잿물 같은 염기성 용액과 반응시켜 만든 중성지이기 때문에 오랜 시간이 지나도 본래의 색을 유지하고 결이 고와질 뿐 아니라, 삭아서 부서지지도 않아 수명이 오래가지요.

그렇다면 산과 염기를 반응시켰을 때 어떤 일이 일어나는 걸까요? 묽은 염산($HCl$)과 수산화 나트륨($NaOH$) 수용액의 반응을 통해 알아봅시다.

농도가 같은 묽은 염산과 수산화 나트륨 수용액을 준비합니다. 둘의 부

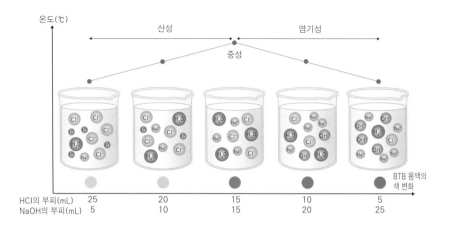

온도(℃)

산성 | 염기성

중성

HCl의 부피(mL)   25    20    15    10    5
NaOH의 부피(mL)   5    10    15    20    25

BTB 용액의 색 변화

**묽은 염산(HCl)과 수산화 나트륨(NaOH) 수용액의 반응 실험**

피는 각각 다르지만 둘을 합한 부피는 30mL로 같은 혼합 수용액을 만들고 온도를 측정하면 위 그림과 같은 결과가 나옵니다. 이때 혼합 수용액마다 BTB 용액이 2~3방울씩 들어 있습니다.

여기서 묽은 염산과 수산화 나트륨 수용액의 부피 비에 따라 혼합 수용액의 색과 온도가 달라진다는 것을 알 수 있습니다. 묽은 염산의 부피보다 수산화 나트륨 수용액의 부피가 클수록 혼합 수용액의 색깔은 노란색에서 초록색을 지나 푸른색을 나타냅니다.

즉, 혼합 수용액에서 산 수용액의 부피가 크면 노란색, 염기 수용액의 부피가 크면 푸른색, 산과 염기 수용액의 부피가 같으면 초록색을 나타내는 것입니다.

그림에서 혼합 수용액의 온도는 묽은 염산과 수산화 나트륨 수용액의 부피가 각각 15mL씩 들어갔을 때 가장 높습니다. 이로부터 산과 염기가 만날 때 혼합 수용액에서 지시약 색깔이 변하며, 온도는 처음보다 상승한다는 것을 알 수 있습니다. 또한 혼합 수용액의 온도가 가장 높을 때 수용액의 액성은 중성이라는 사실도 알 수 있습니다.

묽은 염산과 수산화 나트륨 수용액이 만나 반응하면 물($H_2O$)과 염화 나트륨(NaCl) 수용액이 만들어집니다. 이때 생성된 물은 산으로 작용한 염화 수소(HCl)가 물에 녹아서 만든 수소 이온($H^+$)과 염기로 작용한 수산화 나트륨이 물에 녹아서 만든 수산화 이온($OH^-$)이 만듭니다.

이와 같이 산과 염기가 만나 물이 생성되는 반응을 중화 반응이라고 합니다. 모든 중화 반응에서 공통으로 반응하는 물질은 산과 염기의 종류에 관계없이 산에 포함된 수소 이온과 염기에 포함된 수산화 이온입니다. 중화 반응이 일어나는 동안 열이 발생하여 혼합 수용액의 온도가 올라가는데, 이 열을 중화열이라고 합니다.

$$H^+ + OH^- \rightarrow H_2O + 열$$

## 모형과 화학 반응식으로 중화 반응 이해하기

농도가 같은 묽은 염산(HCl)과 수산화 나트륨(NaOH) 수용액을 같은 부피로 섞었을 때의 중화 반응을 그림으로 나타내면 다음과 같습니다.

산과 염기가 만나면 수소 이온($H^+$)과 수산화 이온($OH^-$)은 1:1의 개수비로 반응하여 물을 생성합니다. 즉, 수소 이온 1개와 수산화 이온 1개가 반응하면 물 분자 1개가 만들어집니다. 이것은 중화 반응이 화학 변화의 규칙성을 제공하고 있다는 뜻입니다.

묽은 염산과 수산화 나트륨 수용액의 중화 반응을 화학 반응식으로 나타내면 다음과 같습니다.

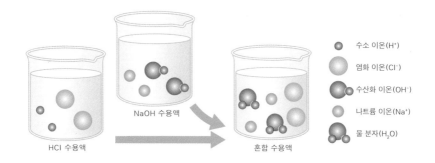

수소 이온(H⁺)

염화 이온(Cl⁻)

수산화 이온(OH⁻)

나트륨 이온(Na⁺)

물 분자(H₂O)

NaOH 수용액

HCl 수용액

혼합 수용액

**묽은 염산(HCl)과 수산화 나트륨(NaOH) 수용액의 중화 반응**

$$HCl + NaOH \rightarrow H_2O + NaCl$$

염산　수산화 나트륨 수용액　　　　물　염화 나트륨 수용액

앞서 묽은 염산과 수산화 나트륨 수용액을 섞으면 중화 반응이 일어나 물과 염화 나트륨 수용액이 만들어진다고 했습니다. 산과 염기의 중화 반응에서 생성물인 물을 만드는 데 관여하지 않은 이온을 구경꾼 이온이라고 하고, 물을 만드는 데 관여한 이온을 알짜 이온이라고 합니다.

묽은 염산과 수산화 나트륨 수용액의 중화 반응에서 구경꾼 이온은 나트륨 이온과 염화 이온이고, 알짜 이온은 수소 이온과 수산화 이온입니다. 이들 알짜 이온이 반응하는 화학 반응식을 알짜 이온 반응식이라고 하고 아래와 같이 나타냅니다.

$$H^+ + OH^- \rightarrow H_2O$$

산과 염기의 종류가 다르더라도 모든 중화 반응에서 알짜 이온은 항상 수소 이온과 수산화 이온입니다. 산의 공통 이온과 염기의 공통 이온이 항상 수소 이온과 수산화 이온이기 때문입니다. 종류가 다른 산과 염기가 중화 반응을 일으키더라도 알짜 이온 반응식은 같으므로 중화 반응의 생성물로 항상 물이 만들어집니다.

산과 염기의 종류가 다르면 중화 반응은 어떻게 진행될까요? 묽은 염산과 수산화 칼륨 수용액의 중화 반응을 화학 반응식으로 나타내면 다음과 같습니다.

$$HCl \;+\; KOH \quad \longrightarrow \quad H_2O \;+\; KCl$$

염산  수산화 칼륨 수용액        물    염화 칼륨 수용액

묽은 염산과 수산화 칼륨 수용액을 섞으면 중화 반응이 일어나 물과 염화 칼륨 수용액이 생성됩니다. 묽은 염산과 수산화 칼륨 수용액의 중화 반응에서 구경꾼 이온은 칼륨 이온과 염화 이온이고, 알짜 이온은 수소 이온과 수산화 이온입니다.

질산 수용액과 수산화 나트륨 수용액의 중화 반응을 화학 반응식으로 나타내면 다음과 같습니다.

$$HNO_3 \;+\; NaOH \quad \longrightarrow \quad H_2O \;+\; NaNO_3$$

질산    수산화 나트륨 수용액        물    질산 나트륨 수용액

질산 수용액과 수산화 나트륨 수용액을 섞으면 중화 반응이 일어나 물과 질산 나트륨 수용액이 생성됩니다. 질산 수용액과 수산화 나트륨 수용액의 중화 반응에서 구경꾼 이온은 나트륨 이온과 질산 이온이고, 알짜

이온은 수소 이온과 수산화 이온입니다.

산 수용액과 염기 수용액의 중화 반응에서 산과 염기의 종류에 따라 구경꾼 이온의 종류는 달라지지만, 물을 만드는 수소 이온과 수산화 이온은 변하지 않습니다.


## 생활 속에서 일어나는 중화 반응

딱따구리는 딱따구리과에 속한 새를 통틀어 일컫는 말로 종류는 약 400여 종이나 됩니다. 까막딱따구리, 오색딱따구리, 크낙새 등 여러 종류가 있는데 그중에서 크낙새는 우리나라에만 서식하는 천연기념물입니다.

딱따구리는 나무 위에서 생활하며, 나무를 쪼아서 그 안에 사는 곤충의 애벌레를 잡아먹습니다. 때로는 딱정벌레 유충이나 개미 등을 잡아먹으면서 필요한 단백질을 보충합니다. 딱따구리는 폼산을 내뿜는 개미 같은 먹이를 잡아먹어도 안전합니다. 딱따구리의 침이 염기성이기 때문에 중화 반응을 일으켜 폼산에 피해를 입지 않기 때문입니다.

쐐기풀이라고 하는 식물이 있습니다. 쐐기풀은 한반도 중부 이남의 산지 등에 군생하는 여러해살이풀입니다. 잎이나 줄기에는 폼산을 많이 포함한 털이 있어서 피부로 만지면 벌에 쏘인 것처럼 따갑습니다. 만약 쐐기풀을 만져서 부어오르면 베이킹소다나 치약 같은 염기성 물질을 발라서 중화해야 부기가 가라앉습니다.

이와 같이 산과 염기는 생활 곳곳에 널리 존재하며, 산과 염기의 중화 반응을 이용하는 사례도 흔합니다. 그러한 사례를 더 알아볼까요?

음식물이 위에 들어가면 위산이 분비되는데, 이때 위에 통증이 생기고 소화도 잘 안 되는 경우가 있습니다. 이는 위산이 강한 산성을 띠기 때문인데, 염기성 물질인 제산제를 먹으면 위산과 중화 반응을 일으켜 통증이 사라지고 소화에 도움이 됩니다. 제산제의 주성분은 물에 녹지 않고 산에만 녹는 염기 물질인 수산화 알루미늄($Al(OH)_3$)이나 수산화 마그네슘($Mg(OH)_2$) 같은 성분입니다.

개미에 물리거나 벌에 쏘이면 침에 들어 있는 폼산 성분이 체내로 들어와 부기가 생깁니다. 폼산을 개미산이라고 부르는 것은 바로 이런 이유 때문입니다.

이럴 때는 보통 암모니아수를 바릅니다. 곤충의 침에 있는 산성 물질인 폼산이 염기성 물질인 암모니아수와 중화 반응을 일으켜 쏘인 부위를 가라앉게 하는 것입니다.

한꺼번에 많은 양의 폼산이 체내에 들어오면 경련을 일으키거나 쇼크로 정신을 잃을 수도 있으니 개미나 곤충이 많은 곳을 방문할 때에는 약국에서 판매하는 암모니아수와 거즈 등을 준비할 필요가 있습니다.

헬리코박터균은 유레이스(urease)라는 효소를 만들어 사람이나 동물 등의 위 점막에 사는 나사 모양의 세균입니다. 헬리코박터균이 위 속의 강한 위산에도 살아남는 까닭은 스스로 염기성 물질인 암모니아를 만들어 위 주변을 중화시키기 때문입니다.

생선은 트리메틸아민(trimethylamine)이라는 염기성 물질 때문에 특유의 비린내가 납니다. 생선을 손질한 도마나 칼에 레몬즙이나 식초를 바르면 중화 반응으로 비린내가 사라집니다. 묵은 김치 특유의 신맛이 강해서 먹기가 힘들면 식용 소다를 뿌려보세요. 김치의 신맛이 약화되어 먹기 편해집니다. 신맛을 내는 젖산이 염기성 물질인 탄산수소 나트륨

### 위 속에서 살 수 있는 세균, 헬리코박터균

헬리코박터 파일로리 또는 파일로리균이라고 부르기도 한다. 헬리코박터균은 1983년 오스트레일리아의 로빈 워런(Robin Warren)과 배리 마셜(Barry Marshall)에 의해 발견되었다.

헬리코박터균 발견 이전에는 위의 내부가 위액에 포함된 염산 때문에 강한 산성이므로 세균이 살 수 없다고 생각했다. 그런데 헬리코박터균은 유레이스라는 효소를 만들어 위 점액의 요소를 암모니아와 이산화 탄소로 분해하는데, 이때 생긴 암모니아로 위산을 중화하여 위에 붙어서 살 수 있다.

이 균이 발견됨으로써 동물의 위에 적응하여 사는 세균이 있다는 것이 밝혀졌다. 헬리코박터균에 감염되면 만성 위염, 위궤양이나 십이지장궤양뿐 아니라 위암 등으로 이어질 수 있다. 세균들 중에서 악성 종양의 원인이 된다고 밝혀진 유일한 병원체다.

($NaHCO_3$)이 주성분인 식용 소다와 중화 반응하여 신맛을 줄여주기 때문입니다.

가정이나 학교 등 일상생활이 이루어지는 장소에서 사용하는 수돗물은 상수원의 물 그대로가 아닙니다. 정수장에서 여러 가지 세균 등을 죽이는 살균 및 소독 과정을 거친 물이지요. 물을 소독하는 방법 중 한 가지가 염소 기체를 이용하는 염소 소독법입니다.

염소 소독 후 산성화된 물은 가정으로 바로 공급할 수 없으므로 염기성 물질로 일정 부분 중화시킨 후 다시 정수 과정을 거쳐 배수관을 통해 가정이나 학교로 공급합니다.

# 산성화된 토양을 중화하기

우리나라에서는 산성화된 토양을 중화시킬 때 주로 잿물이나 산화 칼슘($CaO$)이 주성분인 석회 가루를 뿌립니다. 석회 가루를 물에 녹이면 염기성 물질인 수산화 칼슘($Ca(OH)_2$) 수용액이 되어 산성 물질을 중화시키기 때문입니다.

토양의 산성화는 농업 생산량 증대를 위해서 사용하는 농약과 화학 비료의 남용, 대기 오염 물질로 인한 산성비 등 여러 가지 요인으로 나타납니다. 토양이 산성화되면 식물 생장을 억제하기 때문에 화학 비료를 더 자주 쓰게 되는 악순환이 이루어질 수 있습니다.

석회 가루 정밀 살포 같은 사례는 지구의 산과 염기를 조절하는 방법 중 하나입니다. 정밀하게 살포한다는 것은 산성화된 토양이나 호수의 산성 정도를 파악하여 중화 반응에 필요한 석회 가루의 양을 계산하고, 산성화된 지역에 고르게 살포할 수 있도록 기술적 노력을 한다는 것을 의미합니다. 무분별하게 살포할 경우 경제적인 손실은 물론 토양이나 호수 주변에 환경 오염이 발생하여 더 큰 손실이 일어날 수 있기 때문입니다. 우리나라는 호수보다는 산성화된 토양을 중화시키기 위해 석회 가루를 다량 살포합니다.

구제역이 발생했을 때 방역용 소독제로도 석회 가루를 사용합니다. 물을 뿌린 후 그 위에 석회 가루를 살포하면 1차적으로 물과 석회 가루가 발열 반응을 일으켜 약 200℃ 정도에서 병원체를 사멸시킵니다. 발열 반응이 일어난 후에는 강한 염기성으로 변해 소독 효과를 냅니다. 일반적으로 석회 또는 생석회라고 부르는 물질은 산화 칼슘입니다.

상온에서 흰색의 고체인 석회는 물에 녹아 염기성 수용액을 만드는데,

## 조상들이 중화 반응을 이용한 사례

조상들은 김칫독이나 그릇에 배인 김치 냄새를 제거하는 데 중화 반응을 이용했다. 볏단이나 나무껍질 등을 태우고 남은 재를 물에 넣으면 염기성 용액이 만들어지는데, 이 천연 잿물을 헝겊에 묻혀 닦아서 김치 특유의 냄새를 없앤 것이다.

또한 누에고치에서 실을 뽑아낸 후 그 실을 베틀에 올려 천을 짜고 여러 가지 색으로 염색했는데, 특히 여인이 즐겨 입는 치마의 붉은색을 내기 위해 홍화를 썼다. 이 과정에서도 중화 반응을 이용했다.

국화과 식물인 잇꽃을 건조시킨 것을 홍화라고 하는데, 홍화에는 주로 붉은색과 노란색 색소가 포함되어 있다. 홍화에서 붉은색 색소를 얻기 위해 노란색 색소를 제거한 홍화 주머니에 염기성인 천연 잿물을 부으면 붉은색 색소가 추출된다. 추출한 붉은색 색소는 염기성 물질이므로 동물성 재료로 만든 비단 등에 사용하는 것은 적절치 않다. 그래서 이런 경우에는 산성 물질인 오미자 물로 중화 반응을 일으키는 과정을 거쳤다.

인체에 미치는 영향은 일반적인 염기성 물질과 같아서 부식제로 작용합니다. 과량으로 노출되면 눈, 피부 및 점막에 심한 자극을 일으키고 습기와 반응해서 화상을 입을 수 있습니다. 흡입했을 경우에는 기침과 호흡 곤란을 유발하고 심하면 폐에 문제를 일으킬 수 있습니다. 만약 석회를 삼켰다면 소화 기관에 화상을 입거나 출혈, 혹은 천공이 나타날 수도 있습니다. 아직까지 발암성 여부는 확인되지 않고 있습니다.

이렇듯 석회 가루는 사람은 물론 환경에 또 다른 악영향을 미칠 수 있으므로 중화 목적에 맞게 적절한 양을 살포하는 것이 중요합니다.

대기 중 이산화 탄소 농도를 조절하는 것도 지구의 산과 염기를 조절하는 기능 중 하나입니다. 지구 순환에 의해 바다에 녹아 있던 이산화 탄소는 일정량이 대기 중으로 순환되어 나와야 하는데, 화석 연료 사용으로 대기 중 이산화 탄소의 농도가 증가하여 오히려 바다를 포함한 지표면의 물에 녹아들어 토양이나 호수 등을 산성화시키는 데 영향을 미치게 됩니다.

전라남도 영광군 칠산도 괭이갈매기·노랑부리백로·저어새 번식지는 천연기념물 제389호로 지정되어 있습니다. 괭이갈매기 역시 천연기념물 제334호로 보호받고 있는데, 이들 괭이갈매기의 배설물로 인해 토양의 부영양화·산성화가 일어나서 2018년 5월에 확인한 바로는 나무가 사라져가고 풀 한 포기 자라지 못하는 죽음의 땅으로 변하고 있을 정도로 상태가 매우 심각했습니다.

천연기념물인 괭이갈매기를 비롯하여 다양한 희귀 철새들의 보금자리를 보전하려면 배설물로 인한 산성화에 강한 식물종 개발 및 생장 방안 마련 등 대책이 시급한 상태입니다. 그래서 석회 가루 살포를 포함한 다양한 중화 반응을 이용하여 원래의 자연 상태로 복원하기 위해 노력 중입니다.

토양 산성화와 함께 호수 산성화도 심각한 문제입니다. 호수 산성화는 우리나라보다는 외국에서 주로 보고된다고 앞서도 이야기했지요. 스웨덴이나 핀란드에는 물고기는 물론 미생물조차 살기 힘들 정도로 산성화된 호수가 상당히 많습니다.

산성화된 호수를 살리기 위해 석회 가루를 비행기 등으로 뿌리는데, 그 비용이 연간 수십 억 달러 이상이라고 합니다. 스웨덴 남부에 떨어지는 산성 물질의 70~80%는 영국 등에서 옵니다. 노르웨이도 산성 물질의 80~90%가 외국에서 날아오며, 해마다 산성화된 강과 호수에 3만~5만 톤의 석회를 투입하고 있습니다.

**탐구 활동** 우리 주변 토양의 산성, 염기성 관찰하기

준비물 : 다양한 장소의 토양 2숟가락(학교 운동장, 동네 놀이터, 가까운 산이나 밭 등), 플라스틱 컵, 숟가락, 나무젓가락, 빨대, 보라색 양배추 지시약(54쪽 참조)

1. 학교 운동장, 동네 놀이터, 가까운 산이나 밭 등 서로 다른 세 곳에서 토양을 2숟가락 정도씩 플라스틱 컵에 담아 준비한다.
2. 각각의 토양이 잠길 정도로 물을 부은 후 나무젓가락을 이용하여 고르게 젓는다.
3. 토양이 들어 있는 플라스틱 컵에 빨대로 보라색 양배추 지시약을 각각 3~4방울씩 넣는다.
4. 토양의 색을 관찰하고 기록한다.
5. 국립산림과학원(http://www.kfri.go.kr), 흙토람(http://soil.rda.go.kr) 사이트를 이용하여 우리 주변 토양(흙)의 산성화 정도를 알아본다.

지시약을 넣기 전과 넣은 후의 토양의 색

| 장소 | 학교 운동장 | 동네 놀이터 | 산이나 밭 |
|---|---|---|---|
| 지시약을 넣기 전 | | | |
| 지시약을 넣은 후 | | | |

# 2장

# 생물 다양성,
# 풍요로운 지구의 바탕

지질 시대 대멸종과 생물 다양성

생물은 어떻게 진화했을까?

생물 다양성을 어떻게 보전할 수 있을까?

# 1 지질 시대 대멸종과 생물 다양성

(!) 지질 시대, 대멸종, 생물 다양성, 절대 연령, 표준 화석, 시상화석

**자**연사 박물관에 전시된 거대한 육식 공룡 티라노사우루스나 이보다 훨씬 더 큰 초식 공룡의 골격을 보고 있노라면 경외감을 감출 수 없습니다.

이런 거대한 생물이 과연 어떤 환경에서 어떻게 생존했을지, 중생대의 육지를 지배했던 공룡이 어떻게 중생대 말에 멸종하여 사라지게 되었는지, 우리를 포함한 포유류는 어떻게 대멸종에서 살아남아 지금 번성하게 되었는지 궁금하지 않을 수 없습니다.

이런 궁금증을 풀기 위해서는 지질 시대의 환경이 어떠했는지 알아야 합니다. 어떤 생물들이 지구에 나타나 번성하다 사라졌을까요? 또한 이들이 사라진 뒤 새롭게 번성한 생물들은 무엇이었을까요? 이 장에서는 위의 모든 과정에서 생물 다양성이 어떤 변화를 겪었는지 알아보도록 하겠습니다.

## 지질 시대와 지구의 나이

지질 시대는 지구에 지각이 형성되면서부터 현재까지 지질학적 과정이 진행되는 시기로 정의할 수 있습니다. 현재도 지구 곳곳에서 지질학적 과정들이 진행되면서 화성암·퇴적암·변성암이 만들어지고, 지각 변동이 발생하고 있으며, 이 모든 과정은 지구의 암석에 기록되고 있습니다. 현재 지구의 나이는 46억 년 정도로 추정하고 있는데, 이러한 지구의 나이는 어떻게 알아낼 수 있었을까요?

그리스의 역사가인 헤로도토스는 나일강의 범람으로 나일 삼각주가 생기는 것을 보고는 이것이 당시의 크기로 성장하기까지 수천 년이 걸렸을 것이라고 생각했습니다. 아일랜드의 주교였던 어셔(Ussher)는 히브리어 성서를 연구하여 우주가 창조된 시점은 기원전 4004년 10월 26일 오전 9시라고 선언하기도 했습니다. 이러한 어셔의 주장을 오늘날까지 믿는 사람들이 있고, 이들은 우주가 약 6000년 전에 창조되었다고 주장하기도 합니다.

과학적 연구 방법이 어느 정도 체계를 잡은 18세기의 지질학자였던 제임스 허턴(James Hutton)은 지질 현상에 대한 오랜 관찰에 기초하여, 지구의 절대 연령을 구하는 것은 불가능하지만 지구의 과거는 측정할 수 없을 정도로 대단히 길 것이라고 주장했습니다.

1862년 영국의 윌리엄 톰슨(William Thomson, 켈빈 경)은 지구가 태양에서 떨어져 나와 현재에 이르기까지 잃어버린 열량을 지구가 매년 잃는 열량으로 나누어, 지구의 연령을 200만 년 이상 4억 년 미만이라고 주장했습니다. 같은 시대에 살았던 찰스 다윈은 과거의 생물이 현재까지 진화하는 데는 적어도 3억 년이 필요하다고 주장했으며, 허턴의 연구를 계

**잠깐! 더 배워봅시다**

## 방사성 동위원소를 이용한 절대 연령 측정 원리

방사성 원소는 주변 환경의 변화와 무관하게 일정한 시간인 반감기가 지나면 절반의 모원소가 자원소로 붕괴된다. 따라서 어떤 광물 내에서 방사성 원소의 모원소와 자원소의 비율을 비교하면 광물의 나이를 계산할 수 있다.

즉, 둘의 비율은 생성 당시에는 1:0이지만 반감기가 한 번 지나면 $\frac{1}{2}$ : $\frac{1}{2}$ 이 되고, 반감기가 2번 지나면 $\frac{1}{4}$ : $\frac{3}{4}$ 이 된다. 이러한 원소들이 광물 내에서는 보존되지만 지하에서 녹아 마그마가 되면 그림 ①과 같이 완전히 섞여 제멋대로 분포한다. 그런데 마그마의 냉각으로 광물이 다시 만들어질 때는 방사성 원소의 모원소만 광물의 결정 구조 내부에 들어갈 수 있다. 즉, 그림 ②와 같이 다시 초기의 1:0의 비율로 조정되는 것이다. 그리고 시간이 지나 반감기가 지나면 모원소의 절반이 자원소로 바뀌어 그림 ③과 같은 상태가 된다.

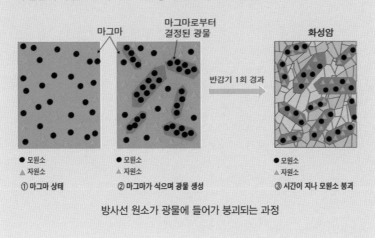

방사선 원소가 광물에 들어가 붕괴되는 과정

승한 찰스 라이엘(Charles Lyell) 역시 지구의 나이는 수억 년 이상이라고 주장했습니다.

19세기 지질학자들은 현재까지 퇴적된 층의 두께를 대략 160km, 1년간 쌓이는 지층의 두께를 약 0.04~30mm로 생각했습니다. 그래서 평균을 1mm로 잡고 지구의 나이가 1억 6000만 년이라고 보았지요.

화성암이 풍화되면 다른 성분과 함께 나트륨이 녹아 바다로 들어갑니다. 증발한 해수는 비가 되어 다시 육지의 나트륨을 바다로 운반합니다. 이렇게 해수의 염분 농도는 서서히 증가했지만 염화 나트륨은 다른 성분들($CaCO_3$, $SiO_2$ 등)과 달리 생물체에 흡수되지 않고 거의 해수 중에 남았습니다.

따라서 해수 중의 나트륨 총량을 매년 바다로 유입되는 나트륨의 양으로 나누면 바다가 생겨난 이후부터 현재까지의 시간을 계산할 수 있는데, 이렇게 구한 지구(바다)의 나이는 1억 년 정도였습니다. 1910년경까지 인류는 지구의 연령을 1억 년 정도로 생각하는 수밖에 다른 도리가 없었습니다.

1896년 프랑스의 에드몽 베크렐(Edmond Becquerel)은 우라늄에서 방사능을 발견했고, 퀴리 부인은 우라늄에서 라듐을 분리하는 등 방사능에 관한 연구가 활발히 진행되었습니다. 이 결과, 우라늄은 일정한 속도에 따라 납으로 붕괴한다는 사실이 밝혀졌습니다.

이 방법은 지질학자들로 하여금 지구의 연령뿐 아니라 암석이 지금으로부터 정확히 몇 년 전에 형성되었는지를 알 수 있게 해주었습니다.


## 상대 연령과 절대 연령이란?

그런데 여기서 질문이 생깁니다. 우리는 왜 지질학을 공부해야 하는 것일까요?

지구 역사의 대부분은 지층에 기록되어 있지만 한 지역에 46억 년의 모

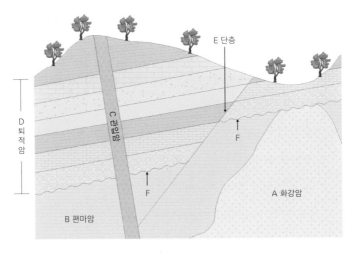

D 퇴적암

C 관입암

E 단층

F

F

A 화강암

B 편마암

지층의 상대 연령 결정

든 기록이 남아 있지는 않습니다. 그래서 여러 지역에 흩어져 있는 지층들의 선후 관계를 파악하여 지층의 퇴적 순서를 정리했는데, 이를 상대 연령이라고 합니다. 그림에서 지층의 상대 연령을 결정해 보도록 하겠습니다.

그림 맨 아래에 편마암(B)과 화강암(A)이 있습니다. 화강암과 접하는 편마암이 변성되었으므로 편마암이 화강암보다 먼저 생성되었음을 알 수 있습니다. 편마암과 화강암은 F를 경계로 퇴적암(D)에 덮여 있습니다. 이들 암석은 모두 단층(E)에 의해 끊어져 있으므로 단층이 그 이후에 형성된 것임을 알 수 있습니다. 이 단층 역시 관입암(C)에 의해 끊어져 있습니다. 관입암은 지하의 마그마가 다른 암석의 틈이나 암석을 직접 깨뜨리면서 틈을 벌리고 들어와 식은 화성암입니다.

이 지역의 암석(부정합[2], 단층 포함)을 생성 순서대로 연결해 본다면

---

2  새로운 지층이 낡은 지층 위에 겹치는 현상을 부정합이라고 한다. 두 지층의 형성 시기 사이에 시간 간격이 클 때 나타난다.

B-A-F-D-E-C입니다. 이렇게 결정된 암석의 순서를 상대 연령이라고 합니다.

상대 연령은 지층의 선후 관계만을 밝힐 뿐, 지층의 절대 연령을 알려 주지는 않습니다. 그래서 방사성 원소를 이용한 절대 연령 측정이 필요합니다. 그런데 암석의 절대 연령은 화성암에는 유용한 방법이지만 퇴적암에는 직접 적용할 수 없습니다. 왜냐하면 퇴적암에 포함된 광물은 퇴적암이 형성될 때 만들어진 것이 아니라 그보다 더 전에 이 광물을 포함하는 화성암이 형성될 때 만들어진 것이기 때문입니다.

그러면 퇴적암의 절대 연령은 어떻게 추정할 수 있을까요? 앞의 그림을 다시 봅시다. 퇴적암 D는 화성암 A가 침식된 뒤에 쌓였지만, 화성암 C에 의해 관입당한 것을 확인할 수 있습니다. 따라서 퇴적암 D의 절대 연령은 화성암 A와 C의 중간쯤입니다. 만약 화성암의 방사성 동위 원소를 이용하여 측정한 절대 연령이 A가 3억 년, C가 2억 년이었다면, 퇴적암 D의 절대 연령은 2억 년에서 3억 년 사이겠지요. 이런 간접적인 방법으로 퇴적암의 절대 연령을 추정할 수 있습니다.


## 표준 화석과 시상화석은 무엇이 다를까?

퇴적암의 상대 연령과 절대 연령은 화석과 어떤 관계일까요? 자세히 알아보기 전에 화석에 대해 조금 더 살펴봅시다.

화석은 역사 시대 이전에도 인류의 관심을 끌었던 것으로 보입니다. 프랑스에서 발견된 네안데르탈인의 유골 근처에 완족류의 화석이 같이 발견된 것으로 보아, 이들이 완족류 화석을 장식용으로 사용한 것으로 판단하고 있습니다. 기원전 450년경 헤로도토스는 이집트 여행 중에 조개 화석을 발견하고 지중해 부근이 예전에 바다였을 거라는 생각을 밝히기도 했습니다.

한편 아리스토텔레스는 화석을 생물이라고 생각하면서도 이들이 암석 속에서 자라났다고 믿었습니다. 이러한 생각은 18세기 카를 린네(Carl Linné)가 종을 분류할 때도 광물과 화석을 생물로 보고 '광물계'에 포함시키는 데 영향을 미쳤습니다. 그래서 중세까지도 화석을 생물이라고 보았던 것입니다.

15세기 후반 레오나르도 다 빈치는 지금의 수에즈 운하 지역에서 발견된 수많은 화석을 통해 이곳이 예전에 바다였다는 생각을 강하게 기술했습니다. 그러나 그 후 약 200여 년 동안 사람들은 지질학적 시간과 변동의 과정을 인식하지 못했기에, 어떤 사람은 암석 내부에 조형력(造形力)이 있어서 광물처럼 화석도 만들어질 수 있다고 주장하고, 어떤 사람은 화석을 '사람을 혼란스럽게 하려는 귀신의 장난'이라고 말하기도 했습니다.

18세기에 접어들어 화석에 대한 사람들의 이해가 깊어지면서, 화석이 생물의 유해라는 사실을 어느 정도 받아들이게 되었습니다. 그래도 여전히 종교적인 입장, 즉 노아의 홍수를 실마리 삼아 모든 지층의 생성과 화석의 수수께끼를 풀어보려고 한 사람들이 있었습니다. 그들은 알프스 산 암석 속의 조개껍데기는 노아의 홍수 때 바다의 조개가 암석을 뚫고 들어가 만들어진 것이라고 생각했습니다. 이러한 오해도 19세기부터는 거의 풀려 화석은 과거에 살았던 고생물임을 인정하게 되었습니다.

화석으로 발견되는 생물군 중에서 지질 시대의 결정과 지층의 선후 관계 결정에 사용되는 화석을 표준 화석이라고 합니다. 표준 화석으로 이용되려면 해당 고생물이 지리적으로 넓게 전체 지구에 걸쳐 분포해야 하며,

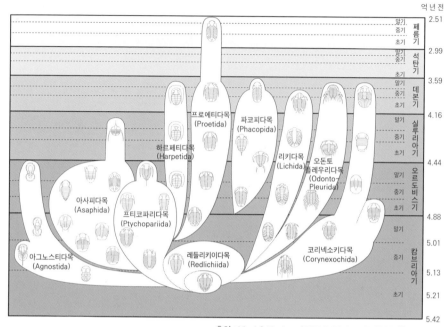

출처 : Nigel C Hughes, 2007; S. M. Gon Ⅲ, 2009 참조

**삼엽충 속의 시대에 따른 진화 계통**

개체 수가 많고 생존 기간이 짧아야 합니다.

　방사성 원소를 이용해 절대 연령을 결정한 퇴적암에 포함된 표준 화석을 통해 해당 생물의 생존 기간을 결정할 수 있습니다. 따라서 절대 연령을 파악하기 힘든 지층에서 어떤 표준 화석이 발견되면 지층의 나이를 결정할 수 있습니다. 이처럼 표준 화석은 퇴적층의 퇴적 시기를 결정하는 데 중요한 정보를 제공합니다.

　그런데 여기서 주의할 내용이 있습니다. 표준 화석은 생존 기간이 짧고 개체 수가 많아 해당 시대 퇴적층 대부분에서 화석으로 발견될 확률이 높아야 한다고 했습니다. 그렇다면 고생대의 표준 화석이라 부르는 삼엽충은 3억 년 가까운 기간이나 생존했다는 사실과 모순되지 않을까요?

여기서 상기해야 할 것이 앞서 린네의 생물 분류에서 다룬 종과 속의 개념입니다. 고생대 3억 년에 걸쳐 생존한 것은 삼엽충 '속'이지만, 표준 화석으로 사용되는 삼엽충은 삼엽충 속에 속하는 다양한 '종'입니다. 이들 종 대부분은 수백만 년 이내에 생존하다 멸종했기 때문에 표준 화석으로 이용할 수 있는 것입니다.

왼쪽 그림에서 세로 방향의 긴 영역은 같은 속으로 묶을 수 있는 삼엽충을, 각각의 그림은 개별 삼엽충 종을 나타낸 것입니다.

표준 화석의 상대 개념으로 시상화석이 자주 등장합니다. 생물이 서식하던 시기의 환경을 알려주는 화석을 시상화석이라고 합니다. 시상화석은 지리적으로 제한된 환경에서만 서식해야 하고, 현재까지도 생존하고 있어 그 서식 환경을 유추할 수 있는 생물이어야 합니다.

대표적인 시상화석으로 산호가 있습니다. 산호는 따뜻하고 얕은 바다에 주로 서식합니다. 따라서 퇴적암에서 산호가 발견된다면 이 지역은 퇴적 당시 따뜻한 얕은 바다였다고 유추할 수 있습니다.

여기서도 주의할 점이 있습니다. 대부분의 생물은 살아서 서식하는 환경과 죽어서 매몰되는 환경(위치)이 다르다는 것입니다. 예를 들어 산소가 풍부하고 얕은 물에서 호흡을 하며 살던 삼엽충이 흐름에 휩쓸려 죽어 산소가 부족한 깊은 바다에 쌓여 화석화될 수 있습니다.

혹은 육지에 서식하던 고사리가 홍수에 쓸려가 호수에 매몰되어 화석화되는 경우도 있지요. 따라서 어느 퇴적암에서 고사리를 발견했다고 해서 그 지층이 그늘지고 습한 육지라고 해석한다면 오류일 가능성이 있습니다.

그러나 산호는 다릅니다. 산호는 따뜻하고 얕은 바다 아래에서 성장하

### 공룡 화석은 표준 화석이 아니다?

공룡이나 매머드 같은 생물은 흔히 중생대, 신생대의 표준 화석이라고 하지만, 앞선 표준 화석에 관한 정의를 따르면 표준 화석이라 부르기에 부족한 점이 있다. 물론 공룡 화석이 발견되면 중생대 지층임을 판단할 수는 있다.

그러나 공룡 화석은 개체 수가 적어서 발견 비율이 너무 낮고 육지에 쌓인 호수 주변 퇴적층에서만 발견되므로 전 세계적으로 지층을 연장하여 해석하기도 불가능하다.

대신 중생대의 해양에 살았던 암모나이트는 삼엽충처럼 대부분의 지층에서 발견되며 많은 속과 종이 나타나 표준 화석으로 사용한다. 따라서 공룡이나 매머드 같은 생물은 엄밀하게는 표준 화석이라기보다는 중생대와 신생대의 대표적인 화석이라고 표현하는 것을 추천한다.

---

면서 단단한 산호초를 형성합니다. 이렇게 형성된 산호초는 시간이 지나면서 퇴적물과 함께 굳어져 퇴적암이 됩니다. 따라서 퇴적암에서 산호 화석이 발견된다면 시상화석으로 사용해도 무리가 없습니다. 그러나 나머지 대부분의 생물은 시상화석으로 이용하기 어렵습니다.

과거 퇴적암의 퇴적이 일어나던 시기의 환경을 유추하기 위해서는 다양한 지질학적 증거들을 찾아 종합적으로 판단해야 합니다. 화석뿐 아니라 퇴적물의 종류와 색, 퇴적층의 두께, 퇴적암에 나타난 퇴적 구조 등을 종합적으로 판단하여 환경을 추정해야 하지요.

이러한 방법은 고생물학뿐 아니라 모든 과학이나 삶의 영역에서도 동일하게 적용될 수 있을 것입니다.

## 대멸종 이후 생물 다양성을 회복하다

　고생대의 바다에 번성했던 해양 무척추동물인 삼엽충과 해양 플랑크톤인 방추충, 중생대의 바다에 번성했던 암모나이트와 육지에 군림했던 공룡 등은 지층에서 빈번하게 발견되지만 일부 퇴적층 사이의 짧은 시간 동안 각각의 화석 기록이 거의 사라져버리기도 했습니다. 이를 대멸종(mass extinction)이라고 합니다. 대멸종은 지구 내외의 다양한 원인에 의해 일어날 수 있으며, 하나가 아닌 여러 원인이 동시에 영향을 미치기도 합니다.

　고생대 말의 대멸종은 거대한 대륙인 판게아의 형성과 시베리아 지역의 대규모 화산 활동이 원인이었던 것으로 보고 있습니다. 당시 분출된 현무암질 용암의 양은 200만~300만km³로 추측하는데, 이 정도 양이라면 동서 2000km, 남북 2000km, 두께 0.5~3km로 시베리아를 덮을 수 있는 정도입니다. 한반도의 남북 길이가 약 1000km인 점을 생각하면 엄

시베리안 트랩의 위치와 분포

청난 양이지요. 이 광범위한 현무암질 용암 대지를 시베리안 트랩이라고 합니다.

한편 판게아가 형성되면 지구의 적도를 감싸는 해류가 차단되고, 해안과 대륙 내부의 기후 차이가 크게 발생하며, 대규모 산맥으로 인해 기류의 흐름이 바뀌기도 합니다. 또한 각 대륙에서 각각 번성했던 생물들이 대륙의 연결로 생태계가 재편되는 과정에서 대멸종에 휩쓸리기도 합니다. 해안선의 길이가 짧아지면서 해양 생태계의 기초가 되는 얕은 바다가 줄어든 것도 영향을 미쳤을 것입니다. 또한 시베리아 중앙의 대규모 화산 분출은 화산 가스를 공급하여 지구 전체의 온도를 상승시키는 결과를 유발했을 수 있습니다.

다음은 고생대 말 대멸종과 관련된 사건들의 인과 관계를 최대한 간략

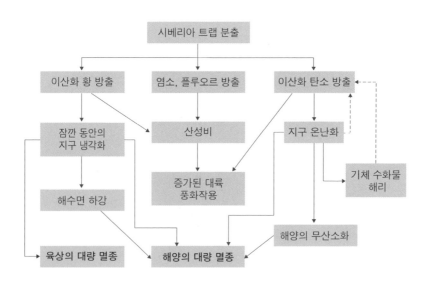

고생대 말 대멸종과 관련된 사건들

하게 나타낸 것입니다. 그림을 보면 지구 시스템의 수많은 하위 요소들이 어느 하나 독립적으로 존재하는 것이 아니라 서로 영향을 미치는 것을 볼 수 있으며, 여러 가지 원인들이 복합적으로 상호 작용하여 생물 대멸종을 유발했음을 파악할 수 있습니다.

중생대 말에 일어난 공룡을 포함한 대멸종은 지금의 멕시코 유카탄 반도 주변에 떨어진 운석의 충돌, 그리고 충돌의 영향으로 발생한 인도 데칸고원의 화산 활동을 원인으로 보고 있습니다.

당시 지름 10km 정도의 운석이 지구의 대륙과 해양 경계부에 충돌하면서 대규모 화재가 발생하여 육상 생태계가 파괴되었고, 이로 인한 충격파가 운석이 떨어진 지구 반대쪽 인도의 화산 활동을 촉진하여 대규모 현무암 분출이 나타났다고 보는 것입니다.

이러한 사건으로 지구의 기온이 내려가 생태계가 교란되었고, 이후 해양에서 증발한 수증기로 인해 온실 효과가 일어나면서 다시 기온이 상승하고 수온이 상승하여 해양 생태계를 대멸종으로 이끌었습니다. 중생대의 표준 화석이었던 암모나이트도 이때 멸종하게 되었습니다.

대멸종은 단기적으로 생물 다양성에 치명적인 영향을 줍니다. 최대의 멸종 사건인 고생대 말 대멸종으로 과의 57%, 속의 83%가 멸종했을 정도입니다. 중생대 말 대멸종에서도 과의 17%, 속의 50%가 멸종했습니다. 이 외에도 지구는 여러 차례의 대멸종을 겪었습니다. 그러나 생물 다양성은 다시 회복되는 모습을 보여주었지요.

대멸종은 생명체의 진화를 가속하기도 합니다. 대멸종에서 살아남은 생물군은 생태계의 빈 자리를 빠르게 채우며 다양한 환경에서 다양성이 증대되고 빠른 진화를 겪었습니다.

한 시대에 생물학적으로 우월한 지위를 유지한 생물이라 하더라도 지

## 대멸종의 증거, 운석 구덩이

1830년대에 찰스 라이엘에 의해 널리 알려진 동일 과정설은 지구의 지진 현상이 지진이나 화산, 노아의 홍수와 같은 격변에 의해 형성된다는 격변설과의 경쟁에서 승리하고 150여 년간 지질학을 주도했다. 이 기간 동안 격변설은 철저하게 배제되었다. 그러나 기존 이론의 부족함을 입증하는 증거들이 쌓이면서 새로운 시대가 도래했다.

1980년 미국의 월터 알바레즈(Walter Alvarez)는 공룡의 멸종과 같은 대멸종이 결코 동일 과정설로 설명될 수 없다고 생각했다. 그는 중생대와 신생대의 경계층인 K–Pg 경계층에서 다양한 지질학적 증거들을 찾아냈다.

이 자료에 따르면 다양한 생물 화석이 이 경계층을 기준으로 급변하고 있고, 운석에서 주로 공급되는 이리듐의 함량이 수십 배 이상 경계층에서 증가했다가 감소한다. 또한 전 세계적으로 이 경계층에서 그을음의 흔적이 나타나며, 충돌에 의해 변형된 석영 역시 함께 발견되었다. 이러한 증거들에 기초하여 알바레즈는 이 시기에 10km 정도 크기의 운석이 지구와 충돌했고 그 결과로 300km

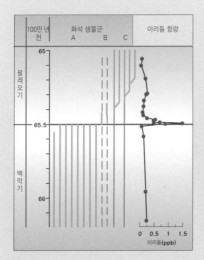

정도 크기의 운석 구덩이가 생겼을 것이라고 발표했다. 그리고 1990년, 예상했던 크기의 운석 구덩이를 멕시코 유카탄 반도의 칙술루브 지방에서 찾아냈다.

**K–Pg 경계층에서 나타나는 지질학적 자료의 불연속성**

K–Pg 경계층은 중생대의 마지막인 백악기(Cretaceous)와 신생대의 첫 팔레오기(Paleogene)의 음을 따서 명명되었다.

구의 환경 변화에 적응하지 못하면 다음 시대에는 절멸하거나 그 지위를 내려놓게 되었습니다. 중생대 초 우월한 지위를 차지했던 공룡은 신생대에 포유류에게 자리를 빼앗겼고, 포유류는 급격하게 다양한 형태로 진화하게 된 것처럼 말입니다.

지금까지 지질 시대와 화석들, 생물의 대멸종과 생물 다양성의 회복에 대해 알아보았습니다. 이렇게 살아남은 생물은 이후 변이와 자연 선택이라는 원리에 따라 진화했습니다. 그리고 이 과정에서 우리 인류도 탄생했지요. 언제가 우리 인류도 자연의 섭리에 따라 다르게 진화하거나 절멸하는 길을 가게 될 것입니다. 결말이 어찌 될지, 지금은 아무도 알 수 없겠지요?

**프로젝트 하기**

**탐방 활동** **자연사 박물관 탐방하기**

우리나라에도 여러 곳에 자연사 박물관이 있다. 시청이나 구청에서 만든 자연사 박물관뿐 아니라 대학이나 개인이 만든 곳까지, 다양한 자연사 박물관 중에서 한 군데를 탐방하고 아래 내용을 조사해 보자.

1. 고생대에 번성한 생물과 고생대 말에 멸종한 생물에는 어떤 것들이 있는지 알아보자.
2. 공룡, 익룡, 수장룡, 어룡의 차이를 비교하여 알아보자.
3. 공룡 대멸종 이후 신생대에는 어떤 생물들이 번성하였는지 조사해 보자.

# 2 생물은 어떻게 진화했을까?

❓ 진화, 변이, 형질, 자연 선택, 분화, 항생제 내성 세균의 출현

우리나라에는 공룡 박물관 또는 공룡을 테마로 한 공원 등이 여러 군데 있습니다. 그중 경상남도에 위치한 고성공룡 박물관은 많은 공룡 화석, 발자국 화석을 관람할 수 있는 곳입니다. 공룡이 살던 약 3억 년 전에는 사람이 살지 않았고, 사람이 살고 있는 현재에 공룡은 화석으로만 남아 있습니다.

이처럼 공룡을 비롯한 어떤 생물은 과거에는 번성했으나 오늘날에는 멸종하여 존재하지 않고, 사람을 비롯한 어떤 생물은 과거에는 없었지만 오늘날에 존재하기도 합니다.

물론 아주 오래전부터 살던 생물이 예전과는 다른 모습으로 현재까지 남아 있기도 하지요. 이는 생물종이 여러 세대를 거치면서 변화되었고, 그 과정에서 새로운 생물종이 탄생했기 때문인데, 이렇게 오랜 세월에 걸친 생물종의 변화 과정을 진화라고 합니다.

그렇다면 생물종은 어떻게 진화해 왔을까요? 이에 대한 답을 제공한 과학자 중 한 사람이 찰스 다윈입니다. 다윈은 오랜 기간 동안 여러 세대에 걸쳐 생물종이 진화하는 원리를 '자연 선택'이라는 개념으로 설명했습니다. 다윈의 자연 선택을 이해하려면 변이라는 개념부터 알아야 합니다.

## 변이란 무엇일까?

바지락 칼국수를 먹으면 바지락 껍데기가 수북하게 쌓이지요? 살을 발라 놓은 바지락 껍데기마다 색과 줄무늬가 다른 것을 보았을 겁니다. 사람도 저마다 피부색이 다르고, 반려견도 생긴 모습이 제각각입니다. 이처럼 같은 종의 생물은 생김새와 특성이 유사하지만, 개체들 간에는 형질의 차이가 나타나는데, 이를 변이라고 합니다.

변이는 크게 환경 요인으로 나타나는 개체 변이와 유전자 변화로 나타나는 유전적 변이로 구분할 수 있습니다. 개체 변이는 환경 차이로 인해 나타나는 형질 차이이기 때문에 자손에게 유전되지 않는 반면, 유전적 변이는 자손에게 유전됩니다. 진화에서 말하는 변이는 바로 유전적 변이를 말합니다. 그렇다면 변이가 나타나는 이유는 무엇일까요?

바지락 껍데기의 줄무늬, 사람의 피부색 등 생물이 가지고 있는 형태적 특징을 형질이라고 하며, 형질은 유전자의 유전 정보로부터 만들어지는 단백질에 따라 달라집니다. 한 생물종 내에서도 개체마다 유전 정보가 조금씩 다르고, 유전 정보로부터 만들어지는 단백질의 종류와 양도 조금씩 다르기 때문에 형질의 차이인 변이가 나타나는 것입니다.

예를 들어 어떤 식물종에서 한 개체는 자주색 꽃 유전자를, 다른 개체는 흰색 꽃 유전자를 가지고 있다고 합시다. 자주색 꽃 유전자를 가진 개체에서는 색소 합성 효소가 많이 만들어져 자주색 색소를 많이 합성하고, 자주색 꽃을 피웁니다. 반면 흰색 꽃 유전자를 가진 개체에서는 색소 합성 효소가 만들어지지 않아 자주색 색소를 합성하지 못하므로 흰색 꽃을 피웁니다. 따라서 이 식물종에서는 꽃 색깔의 변이가 2가지(자주색 꽃, 흰색 꽃) 있는 것입니다.

개체마다 유전 정보가 조금씩 달라지는 이유는 무엇이며, 이것은 변이와 어떤 관련이 있을까요?

그림 ①과 같이 붉은색 딱정벌레 무리에서 초록색 딱정벌레가 나타나는 현상을 돌연변이라고 합니다. 돌연변이는 부모에게 없던 새로운 유전자가 나타나 자손에게 전달되는 것으로, 어떤 생물종 집단에서 돌연변이가 나타나면 개체마다 유전 정보가 달라져 새로운 변이가 생길 수 있습니다.

또한 그림 ②에서처럼 흰색 털과 검은색 털을 가진 부모가 자손에게 유전자를 각각 한 개씩 전달하면, 이를 물려받은 자손은 부모와 다른 유전자 조합을 가지게 되므로 유전 정보가 달라지고 변이가 나타나게 되는 것입니다.

유전 정보와 변이

## 핀치의 부리 모양이 달라진 이유

　자손을 많이 낳는 생물종에서는 개체들 간에 변이가 다양하며, 변이는 진화를 일으키는 요인으로 작용합니다. 그 예로 갈라파고스 군도의 핀치 (finch)를 들 수 있습니다.

　갈라파고스 군도는 남아메리카 대륙의 에콰도르 해안으로부터 서쪽으로 약 1000km 떨어진 위치에 있으며 크고 작은 19개의 섬으로 이루어져 있습니다. 갈라파고스 군도의 섬마다 서로 다른 종의 핀치가 살고 있는데, 이들은 남아메리카 대륙에서 날아와 이곳에 정착한 핀치의 후손입니다. 갈라파고스 제도의 각 섬에 정착할 당시에 핀치 집단을 이루는 개체들은 다양한 변이를 나타냈고, 이후 오랜 시간이 지남에 따라 섬마다 다른 종의 핀치로 진화하게 된 것입니다.

　그렇다면 핀치들은 어떻게 각기 다른 종으로 분화할 수 있었을까요? 다윈은 이를 자연 선택이라는 개념으로 설명했습니다. 자연 선택이란 변이가 다양한 개체들 중 생존과 번식에 유리한 변이를 가진 개체가 선택되어 다른 개체보다 더 많은 자손을 남기는 것을 말합니다.

　핀치의 진화에서 볼 수 있는 것과 같이 다양한 변이를 가진 개체들 중 주어진 환경에 적합한 '선택된' 개체는 그렇지 않은 개체보다 더 많은 자손을 낳습니다. 그 결과 자신의 유전자를 더 많은 자손에게 남깁니다. 이러한 자연 선택이 오랜 세월에 걸쳐 반복되면 핀치 집단에서처럼 주어진 환경에 적합한 형질을 가진 개체들이 대부분을 차지하게 됩니다.

　그리고 생물종의 형질은 원래와는 다르게 변화하여 새로운 종으로 분화가 이루어집니다. 먹이 환경이 다른 갈라파고스 섬들에서 원래는 같은 종의 핀치들이 살고 있었지만, 오랜 세월 동안 자연 선택 과정을 거친 결과

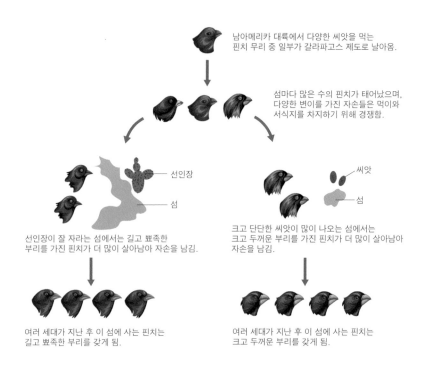

남아메리카 대륙에서 다양한 씨앗을 먹는
핀치 무리 중 일부가 갈라파고스 제도로 날아옴.

섬마다 많은 수의 핀치가 태어났으며,
다양한 변이를 가진 자손들은 먹이와
서식지를 차지하기 위해 경쟁함.

선인장

섬

씨앗

섬

선인장이 잘 자라는 섬에서는 길고 뾰족한
부리를 가진 핀치가 더 많이 살아남아 자손을 남김.

크고 단단한 씨앗이 많이 나오는 섬에서는
크고 두꺼운 부리를 가진 핀치가 더 많이 살아남아
자손을 남김.

여러 세대가 지난 후 이 섬에 사는 핀치는
길고 뾰족한 부리를 갖게 됨.

여러 세대가 지난 후 이 섬에 사는 핀치는
크고 두꺼운 부리를 갖게 됨.

**핀치의 진화 과정**
변이와 자연 선택에 의해 각 섬에 살고 있는 핀치의 부리 모양은 다르게 진화했다.

섬마다 부리 모양이 조금씩 다른 생물종으로 분화된 것처럼 말입니다.

변이와 자연 선택의 예로 또 어떤 것이 있을까요? 사람의 경우를 살펴봅시다. 낫 모양 적혈구를 가진 사람은 빈혈 증세가 있기 때문에 보통 사람들보다 살아가는 데 어려움이 많고 사망률도 높습니다. 낫 모양 적혈구는 돌연변이 헤모글로빈 유전자로부터 만들어지는 돌연변이 헤모글로빈 때문에 생깁니다.

그런데 말라리아가 많이 발생하는 지역에서는 낫 모양 적혈구가 말라리아에 내성을 가지기 때문에 오히려 살아가는 데 유리합니다. 그래서 아

## 과학을 넘어 정치·경제·사회에 큰 영향을 끼친 다윈의 진화론

영국의 생물학자인 다윈은 성직자가 되기 위해 케임브리지 대학에 입학했지만 신학보다는 생물학에 관심을 가져 식물학 교수인 존 헨슬로(John Henslow)와 친밀하게 지냈다.

1831년 22세의 다윈은 헨슬로 교수의 추천으로 비글호를 타고 5년간 탐사 여행을 했는데, 이때 수천 가지의 남아메리카 동식물을 관찰하고 채집했다. 특히 갈라파고스 군도의 여러 섬에서 핀치의 부리 모양과 코끼리거북의 등껍질 무늬가 다양하다는 것을 관찰하고, 생물은 환경에 따라 변할 수 있다는 생각을 하게 되었다.

1836년 영국으로 돌아온 후, 비글호 탐사를 하며 관찰한 사실을 바탕으로 진화에 대한 연구를 계속하여, 1844년에 종의 기원과 자연 선택에 관한 논문을 작성했다. 그러나 기독교 사상이 지배하는 사회에 미칠 파장을 염려해 발표를 미루고 있다가 1858년에 이르러서야 발표했으며, 이듬해인 1859년에 20여 년간의 연구를 바탕으로 한 『종의 기원(On the Origin of Species)』을 출판했다.

다윈의 진화론은 세계적으로 논란을 불러일으켰다. 이 이론이 신의 존재를 부정한다고 받아들여졌기 때문이다. 그러나 많은 과학자들이 다윈의 진화론을 검증하고 수정·보충하면서 점차 과학적으로 인정을 받게 되었고, 오늘날 생명과학의 여러 분야를 통합하는 기본 이론으로 확고하게 자리 잡았다. 다윈의 진화론 확립으로 생명과학은 진화에 근거하여 생명 현상을 설명하는 방향으로 발전했다.

진화론은 생명과학뿐만 아니라 정치·경제·사회·문화·철학 등에 걸쳐 커다란 영향을 끼쳤다. 모든 생물은 생존 경쟁을 통해 환경에 적합한 개체만 선택된다는 자연 선택과 환경에 적합한 생물만 살아남는다는 적자생존은 경쟁을 바탕으로 하는 자본주의의 발달에 과학적 근거로 활용되기도 했다. 또한 특정 국가가 다른 민족이나 국가를 정치·경제·문화적으로 지배하는 제국주의의 출현과 식민 지배를 정당화하는 데에도 영향을 주었다.

**낫 모양 적혈구를 만드는 돌연변이 헤모글로빈 유전자의 분포(왼쪽)와 말라리아 발생 지역의 분포(오른쪽)** 아프리카 지역에서 낫 모양 적혈구를 만드는 돌연변이 헤모글로빈 유전자의 분포와 말라리아 발생 지역 분포는 거의 일치한다.

프리카의 말라리아가 발생하는 지역에서는 낫 모양 적혈구를 만드는 돌연변이 헤모글로빈 유전자가 자연 선택되었고, 다른 지역과 달리 돌연변이 헤모글로빈 유전자를 가진 사람이 많은 것입니다.

## 진화는 얼마나 오랜 세월을 거쳐 일어날까?

변이와 자연 선택에 의한 새로운 종의 출현은 긴 시간 동안 여러 세대를 거치면서 서서히 일어납니다. 그러나 환경에 급격한 변화가 생기면 짧은 시간에 자연 선택이 일어날 수도 있습니다. 가장 대표적인 예가 세균성 질병을 치료하는 항생제를 지속적으로 사용했을 때 일어나는 항생제 내성 세균의 출현입니다.

항생제 내성 세균이란 돌연변이로 생겨난 항생제 내성 유전자를 가지고 있는 세균으로서, 항생제가 있는 환경에서 방해를 받지 않고 증식할

### 지구 최초의 생명체는 어떻게 출현했을까?

현재 지구에 살고 있는 다양한 생물은 아주 오랜 시간에 걸쳐 최초의 생명체로부터 진화되어 왔다. 지구에 생명체가 출현한 시기는 약 38억 년 전으로 추정하고 있지만, 최초의 생명체가 어떻게 생겨났는지는 확실히 알 수 없다. 과학자들은 여러 가지 가설을 세워 최초의 생명체 출현을 설명하는데, 여기에는 화학 진화설, 심해 열수구설, 외계 기원설 등이 있다.

화학 진화설은 원시 지구에서 무기물로부터 간단한 유기물이 생겼고, 이로부터 복잡한 유기물이 합성되었으며 유기물 복합체를 거쳐 생명체가 탄생했다는 내용이다. 1953년 미국의 스탠리 밀러(Stanley Miller)와 헤럴드 유리(Harold Urey)는 원시 대기 성분으로부터 간단한 유기물이 합성되는 실험을 하여 화학 진화설의 첫 단계를 증명해 보이기도 했다.

심해 열수구설은 광물질을 포함한 뜨거운 물이 뿜어져 나오는 깊은 바닷속 심해 열수구에서 간단한 유기물이 만들어졌고, 여기에서 단백질이나 핵산 같은 복잡한 물질이 형성되어 최초의 생명체가 탄생했다는 가설이다.

외계 기원설은 우주에서 생성된 유기물이 운석이나 소행성과 함께 지구로 유입되어 생명체가 탄생하는 토대가 되었다는 것이다. 그 증거로 1969년 오스트레일리아의 머치슨 지역에 떨어진 운석을 드는데, 이 운석에서는 아미노산을 비롯한 여러 종류의 유기물이 발견되었다.

수 있습니다. 항생제가 없는 환경이라면 항생제 내성은 생존에 필수적인 형질이 아니기 때문에 거의 없으며, 있더라도 매우 약합니다.

그러나 항생제가 지속적으로 사용되는 환경에서는 항생제 내성 세균이 항생제 내성이 없는 세균보다 생존에 훨씬 유리하겠지요. 그래서 자연 선택되어 더 많은 자손을 남기게 되고, 이것이 반복되면 항생제 내성 세균의 비율이 증가하는 것입니다.

2017년 11월에 판문점 공동경비구역(JSA)으로 북한의 한 병사가 귀순한 일이 있었습니다. 병사는 북쪽에서 남쪽으로 넘어오는 과정에서 총상을 입어 두 차례에 걸쳐 대수술을 했지만 세균성 질병인 폐렴이 심해 회복이 어렵다고 전망했습니다.

그러나 북한에서 항생제 치료를 많이 받지 않은 덕분에 항생제 투약 효과가 무척 좋았고 폐렴 증세가 놀랍도록 빠르게 호전되었습니다. 그는 항생제를 많이 사용하지 않는 환경에서 살았기 때문에 항생제 내성 세균의 비율이 낮아 치료 효과가 높았던 것입니다.

반면 우리나라를 비롯한 일부 선진국처럼 항생제를 자주 사용하는 환경에서는 항생제 내성 세균이 자연 선택됩니다. 이 때문에 더 강력한 항생제를 반복적으로 사용하게 되었고 결국에는 어떤 강력한 항생제에도 내성을 가지는 세균, 슈퍼박테리아(super bacteria)가 발생했습니다.

슈퍼박테리아는 강력한 항생제에도 죽지 않기 때문에 여기에 감염된 환자는 치료가 매우 어려울 수밖에 없습니다. 우리나라에서는 항생제가 거의 필요 없는 질병에도 항생제를 사용하는 경우가 많아 슈퍼박테리아가 출현할 가능성이 매우 높습니다. 슈퍼박테리아의 출현 및 확산을 막기 위해서는 항생제를 오남용하지 않아야 하겠지요.

**모의 활동** 항생제 내성 세균의 출현에 관한 자연 선택 모의 활동해 보기

1. 초록색 도화지 위에 빨간색, 파란색, 노란색 초콜릿을 각각 10개씩 골고루 섞어서 늘어놓자.
   - 빨간색, 파란색, 노란색 초콜릿은 세균에 해당한다.

2. 비닐 장갑을 낀 손으로 10초 동안 눈에 띄는 초콜릿을 집어내고, 도화지 위에 남아 있는 초콜릿을 색깔별로 세서 모의 활동 결과 표 1회에 기록하자.
   - 비닐 장갑은 항생제에 해당한다.

3. 색깔별로 남아 있는 초콜릿의 수만큼 도화지 위에 추가하여 잘 섞어서 늘어놓자.
   - 같은 색의 초콜릿을 남은 수만큼 추가하는 것은 세균의 수가 늘어나는 것을 의미한다.

4. 빨간색 초콜릿 2개를 초록색 초콜릿으로 바꾼 후, 과정 2와 3을 2회 반복하여 표에 기록한다.

5. 4가지 색의 초콜릿 중 항생제 내성 세균에 해당하는 것을 말해 보자.

6. 항생제 내성 세균의 출현과 자연 선택 과정을 모의 활동의 결과와 연관지어 설명해 보자.

모의 활동 결과 표

| 초콜릿 색 | 1회 | | 2회 | | 3회 | |
|---|---|---|---|---|---|---|
| | 남은 개수 | 남은 개수X2 | 남은 개수 | 남은 개수X2 | 남은 개수 | 남은 개수X2 |
| 빨간색 | | | | | | |
| 노란색 | | | | | | |
| 초록색 | | | | | | |
| 파란색 | | | | | | |

# 3 생물 다양성을 어떻게 보전할 수 있을까?

⚠️ 생물 다양성, 유전적 다양성, 종 다양성, 생태계 다양성,
생물 다양성의 가치, 생물 다양성 협약

2018년 4월 남한과 북한의 지도자가 판문점에서 만나 악수를 나누었습니다. 이 장면은 우리 모두에게 커다란 감동을 주었지요. 우리나라는 1953년 휴전 협정을 맺고 남과 북이 서로 넘나들지 않도록 군사분계선을 따라 남북으로 각각 2km 범위를 비무장 지대(DMZ)로 지정했습니다.

비무장 지대는 60년 넘게 사람들이 거의 출입하지 않으면서 5000종 이상의 야생 생물이 살아가는 터전이 되었고, 그중 100여 종이 멸종 위기 생물입니다.

비무장 지대에서처럼 다양한 생물들이 살아가는 상태를 흔히 '생물 다양성이 높다'라고 합니다. 생물 다양성은 무슨 의미일까요? 단순히 생물의 종류가 많다는 뜻일까요?

## 생물 다양성이란?

생물 다양성이란 어떤 지역에 살아가는 생물의 다양한 정도를 나타내는 것으로, 생물종의 수가 많은 것뿐만 아니라 한 생물이 가진 유전자의 다양성, 생물이 살아가는 생태계의 다양성을 모두 포함합니다. 즉, 생물 다양성은 유전적 다양성, 종 다양성, 생태계 다양성의 세 가지 요소로 설명할 수 있습니다.

유전적 다양성은 같은 생물종의 개체들 사이에서 나타나는 변이의 다양함을 뜻합니다. 예를 들어 유럽정원달팽이의 껍데기 무늬와 색에서 다양한 변이가 나타나는데, 이는 개체마다 유전자가 다르기 때문입니다. 이와 같이 같은 종이라도 개체마다 하나의 형질을 결정하는 유전자가 달라 변이가 많을 때 '유전적 다양성이 높다'라고 합니다.

유전적 다양성이 높은 생물종은 환경이 급격히 변해도 그 환경에 잘 적응하는 유전자를 가진 개체가 있을 가능성이 높으므로 멸종될 확률이 낮습니다. 반면 유전적 다양성이 낮으면 기온 변화, 전염병 출현 등 환경 변화에 적응하지 못해 멸종될 확률이 높지요. 따라서 유전적 다양성이 높아야 생물종이 다양하게 유지될 수 있습니다.

유전적 다양성과 관련된 역사적 사건이 하나 있습니다. 바로 아일랜드 대기근입니다. 1800년대에 아일랜드는 품종 개량을 한 탓에 유전적 다양성이 매우 낮은 감자를 키웠습니다. 그러다 1847년 아일랜드 전 지역에 감자잎마름병이 발생했습니다. 그러나 이에 대한 저항성을 가진 감자가 없어 감자잎마름병이 아일랜드 전 지역을 휩쓸었고, 결국 감자 농사를 망치고 말았습니다.

주식을 감자에 의존하고 있었던 사람들은 굶어 죽거나 해외로 이주하였고, 이로 인해 아일랜드의 인구가 20~25%나 감소했습니다.

이와 같이 유전적 다양성이 낮은 생물종은 환경 변화에 대처할 수 있는 능력이 부족하여 생물종을 유지하는 데 불리합니다. 그러나 유전적 다양성이 높은 생물종은 자연 선택을 통해 환경 변화에 유연하게 대처할 수 있으므로 생존 경쟁에서 살아남아 생물종을 유지할 수 있습니다.

종 다양성은 비무장 지대 같은 일정한 지역에 얼마나 많은 생물종이 살고 있느냐를 뜻합니다. 생물종은 지역에 따라 다르게 분포하므로 지역마다 종 다양성이 다릅니다. 종 다양성이 높은 지역 중 하나가 아마존 강 일대의 열대 우림이고, 종 다양성이 낮은 지역은 옥수수 밭, 논 등과 같이 한 가지 작물만 재배하는 곳입니다.

종 다양성이 높아야 생태계는 안정적으로 유지될 수 있습니다. 아래 그림에서와 같이 생물종 다양성이 낮은 생태계에서는 먹이 사슬이 단순하기 때문에 개구리가 갑자기 사라지면 개구리를 먹이로 삼는 뱀도 함께 사라질 수 있습니다. 반면 생물종 다양성이 높은 생태계에서는 먹이 사슬

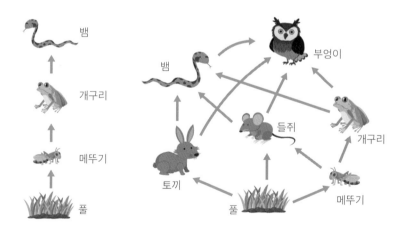

종 다양성이 낮은 생태계    종 다양성이 높은 생태계

## 종 다양성을 어떻게 비교할 수 있을까?

생물종 다양성은 한 지역에 살고 있는 생물의 종 수만 의미하는 것이 아니다. 그림은 동일한 면적인 두 지역 ①과 ②에 살고 있는 생물종과 개체 수를 나타낸 것이다.

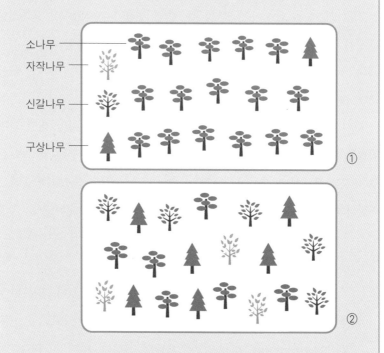

지역 ①과 ②에 살고 있는 생물종 수는 4가지로 동일하지만, ①에서는 소나무의 개체 수가 다른 생물종에 비해 월등히 더 많이 분포해 있다. 그러나 ②에서는 소나무를 비롯한 4가지 생물종의 개체 수가 고르게 분포한다. 이 경우 지역 ①에서보다 ② 지역의 종 다양성이 높다고 할 수 있다. 종 다양성은 얼마나 많은 생물종이 존재하는가와 함께 각 생물종의 분포 비율이 얼마나 고른지도 나타내기 때문이다.

이 복잡하기 때문에 개구리가 사라져도 뱀은 토끼나 들쥐를 잡아먹을 수 있습니다. 그러므로 생물종 다양성이 높으면 생물이 멸종될 위험이 줄고 생태계가 안정적으로 유지될 수 있다는 것입니다.

생태계 다양성은 열대 우림, 농경지, 갯벌, 강, 바다, 사막, 초원 등 생태계 종류가 다양한 정도를 뜻합니다. 특정 생태계에는 그 환경에 적응하여 진화한 생물종이 살아가고 있으므로, 열대 우림이나 사막처럼 생태계의 특성이 다르면 그곳에서 살아가는 생물종의 구성도 달라집니다. 따라서 생태계가 다양할수록 종 다양성과 유전적 다양성도 높게 나타나는 것입니다.

또한 다양한 생태계는 그 자체로서 물, 토양, 공기 등을 보호하고 지구 환경을 안정적으로 유지해 줍니다. 예를 들어 습지, 갯벌 등은 토양의 오염 물질을 분해하여 정화시키며, 열대 우림 같은 삼림은 산소를 방출하고 이산화 탄소를 흡수하여 공기 중의 산소와 이산화 탄소의 비율을 균형 있게 유지시킵니다. 비가 많이 내릴 때는 식물 뿌리가 물을 흡수하여 홍수를 막아주기도 합니다.

최근 한반도 면적의 1%도 되지 않으면서 그 어느 지역보다 생물 다양성이 높은 비무장 지대가 판문점 선언을 계기로 새롭게 부각되면서, 이곳을 개발해야 한다는 의견이 나오고 있습니다. 그러나 이 지역 개발은 매우 신중하게 접근해야 합니다. 비무장 지대가 가지고 있는 생물 다양성의 가치가 매우 높기 때문입니다.

우리는 식량, 의복, 산업용 목재 등을 생물로부터 얻습니다. 항생제를 비롯한 다양한 의약품도 생물로부터 얻은 물질을 활용하여 만들었지요. 우리가 너무나 잘 알고 있는 페니실린은 푸른곰팡이에서 얻은 항생제이고, 아스피린의 주성분은 버드나무 껍질에서 얻었습니다. 얼굴의 주름을 펴는 데 많이 사용하는 보톡스는 세균에서 추출한 물질입니다.

잘 보전된 생태계는 자연의 아름다움을 느끼게 해주고 심리적 안정감을 제공하기 때문에 제주도 올레길, 지리산 국립공원처럼 생태 관광을 할 수 있는 장소로도 활용됩니다.

이처럼 생물 다양성이 높으면 얻을 수 있는 생물 자원이 풍부합니다. 반대로 생물 다양성이 감소하면 우리가 얻을 수 있는 잠재적인 생물 자원을 잃어버리는 셈입니다. 비무장 지대를 개발하기에 앞서, 본래의 모습을 훼손하지 않으면서도 우리에게 도움이 될 수 있는 방안을 다각도로 연구해야 할 필요가 여기에 있습니다.

## 생물 다양성을 보전할 수 있는 방안

비무장 지대가 생물 다양성이 높은 지역이 될 수 있었던 까닭은 오랜 기간 사람이 살지 않았기 때문입니다. 사람에게는 살아가는 데 가장 위험한 지역이 야생 생물에게는 비옥한 삶이 터전이 되었던 것입니다. 이는 곧 사람이 머무는 곳은 생물 다양성이 감소할 수 있음을 의미합니다.

생물 다양성 감소는 인간의 활동과 밀접한 관련이 있습니다. 도로를 건설하기 위해 산을 허물고, 농경지를 만들기 위해 습지를 메우는 행위는 생물의 서식지를 파괴하므로, 생물 다양성 감소의 가장 큰 원인입니다. 야생 동식물을 남획하거나 보호 동식물을 불법 포획하는 것도 생물 다양성을 위협하는 요인입니다.

실제로 우리나라의 삼림에는 호랑이, 늑대, 여우 등이 서식했는데, 일부는 무분별한 사냥으로 멸종 위기에 처했고 일부는 멸종했습니다.

## 생물 다양성을 지키기 위한 국제 협약

생물 다양성 감소는 인류 전체의 생존과 직결된 전 지구적 차원의 문제이기에, 세계 각국은 생물 다양성 보전에 관한 여러 협약을 체결하여 실천하고 있다.

### 1. 생물 다양성 협약(CBD)

생물 다양성의 보전과 생물 자원의 지속 가능한 이용을 목적으로 체결된 협약으로, 세계 3대 환경 협약 중 하나다. 국가 차원의 멸종 위기 동물 감시와 보호 지역 설정, 법적 규제 마련, 종자 은행 설치 등을 권장하고 있으며, 우리나라를 비롯해 194개국이 가입해 있다.

### 2. 람사르 협약(Ramsar Convention)

사회적·문화적으로 가치 있는 습지를 보전하기 위한 협약이다. 가입국은 의무적으로 1개 이상의 습지를 등록하고, 지속적으로 관리해야 한다. 우리나라는 대암산 용늪, 순천만 갯벌, 우포늪 등 22개 습지를 등록해 보전 중이다.

### 3. 멸종 위기에 처한 야생 동식물의 국제교역에 관한 협약(CITES)

남획 및 국제적인 불법 거래로 멸종 위기에 처한 야생 동식물을 보호하기 위한 협약이다. 약 3만 3000여 종의 생물을 3개의 부류로 나누고, 각 부류별로 동식물의 수출입을 규제하는 기준을 제시하고 있다.

### 4. 이동성 야생 동물종의 보전에 관한 협약(CMS)

고릴라처럼 여러 나라를 이동하거나 여러 나라에 서식하는 야생 동물을 보호하기 위한 협약이다. 가입국은 협약에 등록된 생물종의 보호를 위한 관련 법안의 채택, 포획과 남획 금지, 서식지 보전, 안전한 이동 경로 확보 등을 실천한다.

이밖에 생물 다양성을 감소시키는 요인으로는 가시박, 뉴트리아 같은 외래 생물의 유입, 지구 온난화에 따른 기후 변화, 환경 오염 등이 있습니다. 기후 변화로 하루가 다르게 변하는 북극 환경은 북극곰의 생존에 가장 큰 위협이 되고 있지요.

최근 들어 생물 다양성을 보전하기 위한 국제적·국가적·사회적 노력이 활발하게 이루어지고 있습니다. 나라마다 서식하고 있는 생물 종류가 다르지만, 생물 다양성 파괴는 한 나라에만 국한된 문제가 아닙니다. 이는 인류의 생존과 직결된 지구 전체의 문제입니다. 그래서 생물 다양성 보전을 위한 국제적인 노력이 필요합니다.

이를 실천한 대표적인 예로 생물 다양성 협약, 람사르 협약 등이 있습니다. 일본 나고야에서 열린 제10차 생물 다양성 협약 당사국 총회에서 유엔은 2011년부터 2020년까지를 '생물 다양성의 해'로 지정하고 생물 다양성 보전을 위한 전략 계획을 수립하기도 했습니다.

우리나라는 생물 다양성을 지키기 위한 국제적인 노력에 적극 참여하고 있으며, 「야생 생물 보호 및 관리에 관한 법률」을 제정하여 야생 생물과 그 서식지를 보호함으로써 멸종을 막기 위해 노력하고 있습니다. 생물 다양성이 높은 설악산, 지리산 같은 지역을 국립공원으로 지정하여 관리하는 것이 대표적인 사례입니다.

개체 수가 줄어 사라질 위기에 처한 생물은 멸종 위기종으로 지정하여 보호하고 있는데, 서식지 내에서 생물을 보전하기 어려울 때는 별도의 시설에 일시 보호하여 번식시킨 후 다시 서식지로 돌려보내기도 합니다.

또한 농업유전자원센터를 설립하여 미생물, 식물, 곤충, 종자 등 우리나라 생물 자원의 유전자를 체계적으로 관리 및 보존하고 있습니다. 고속도로 건설로 단절된 생물들의 서식지를 이어주기 위해 생태 통로를 설치함으로써 야생 동물이 안전하게 이동할 수 있게 하는 것도 빼놓을 수 없는 사례입니다.

국가적·국제적 차원에서뿐만 아니라 사회적인 노력도 환경 단체를 중심으로 활발히 이루어지고 있습니다. 우리나라에서는 우리밀 살리기, 토종 얼룩소 키우기, 외래 생물 제거하기 등을 실천하고 있습니다. 환경 단체인 내셔널 트러스트(National Trust)는 멸종 위기 식물인 매화마름이 사라지지 않도록 강화도의 매화마름 서식지를 모금 활동으로 사들여 보전했으며, 그 결과 현재는 생물 다양성이 매우 높은 논으로 선정되어 람사르 습지[3]로 등록되었습니다.

콘크리트 건물과 아스팔트 도로에 둘러싸인 도시에 살아가고 있는 우리에게도 과연 생물 다양성이 중요할까요? 우리는 편리하고 풍요로운 삶을 누리며 생물 자원을 과도하게 소비하였고, 그 결과 자연환경이 파괴되었습니다.

현재 지구에 얼마나 많은 생물종이 있는지 정확히 파악하기는 어렵지만 대략 870만여 종이 존재하는 것으로 추측하고 있는데, 많은 과학자들이 지금까지와 같은 수준으로 경제 발전이 이어져 환경 파괴가 계속된다면 2030년쯤에는 2%에 가까운 17만 4000여 종이 멸종하거나, 멸종 위기에 처할 수 있다고 우려하고 있습니다.

생물의 멸종은 우리가 사용할 수 있는 생물 자원이 줄어듦을 의미하고, 이는 더 이상 풍요로운 삶을 누릴 수 없다는 뜻이기도 합니다. 그러므로 생물 다양성을 보전하기 위해 나부터 어떤 노력을 해야 할지 방법을 찾고 실천해야 할 것입니다.

---

3  람사르 습지는 람사르 협약에 의해 지정되는 습지로 생태적으로 보호받을 가치를 인정받았음을 의미한다.

이제부터라도 페트병 같은 플라스틱 쓰레기의 재활용을 철저하게 하고, 일회용 컵이나 플라스틱 빨대 사용을 자제해야 합니다. 제조 및 유통 전 과정에서 발생하는 온실 가스 배출량을 최소화하여 만들었다는 인증 마크가 있는 저탄소 제품을 사용하면 어떨까요? 등산길에서 예쁘게 핀 야생화를 함부로 밟거나 캐지 않는 것은 어떨까요?

생물 다양성 보전을 위한 우리의 작은 노력과 사회적 합의, 국가적·국제적 협력이 합쳐진다면, 우리가 사는 세상의 미래는 밝을 것입니다.

**프로젝트 하기**

**조사 활동** **국립생물자원관 소개하기**

우리나라에는 한반도의 생물 자원을 효율적으로 보전하고 관리하며, 생물 다양성 보전의 중요성에 대한 전시를 하는 국립생물자원관이 있다. 다음 활동을 통해 국립생물자원관을 소개해 보자.

1. 국립생물자원관의 홈페이지(www.nibr.go.kr)를 방문하여 주요 전시 내용을 조사한다.
2. 국립생물자원관을 탐방하여 한반도의 생물 다양성에 관해 조사해 보자.
3. 국립생물자원관을 소개하는 안내 자료를 만들어보자.

# 3장

# 생태계, 생물과 환경이 이루는
# 경이로운 관계

생태계는 어떻게 이루어져 있을까?

먹고 먹히는 관계가 틀어지면 어떤 일이 일어날까?

기후 변화가 인류에게 던지는 메시지

미래를 생각하는 에너지 사용법

# 1 생태계는 어떻게
## 이루어져 있을까?

❗ 생태계, 생물적 요인, 비생물적 요인, 생물과 환경의 상호 작용,
생태계 보전

전 세계 어디를 가더라도 그 지역의 환경에 어우러져 살고 있
는 생물들을 만날 수 있습니다. 그곳의 환경이 얼마나 독특
하든, 거기에 걸맞은 생물들이 살아가고 있지요. 우리는 그런 지역을 여
행하면서 그곳에 사는 생물들을 보고 마치 찰스 다윈이 그랬던 것처럼
생전 처음 보는 그 신기한 생명체가 어떻게 생겨났는지, 어떻게 이런 환경
에서 살아남았는지 궁금증을 가지게 됩니다.

히말라야 고산 지역의 초지에 새나 포유동물들은 있는데 어째서 양서
류나 파충류는 찾아보기 힘들까요? 아프리카 나미브 사막에 사는 사막
딱정벌레는 물이 거의 없는 환경에서 어떻게 살아남았을까요?

궁금증을 밝히기 위해 많은 과학자들이 연구해 온 결과, 그들이 내놓
은 설명은 이렇습니다. 양서류나 파충류는 주변의 온도에 따라 체온을 유
지하는 외온성 동물입니다. 그래서 히말라야 고산 지역의 매우 낮은 온도

를 견딜 수가 없어 그곳에서는 살아가지 못합니다. 사막에 사는 딱정벌레는 등에 돌기가 나 있는데, 새벽에 공기 중의 수증기가 이 돌기에 닿아 물방울이 맺히고 딱정벌레는 머리를 숙여 물방울을 마십니다.

이 장에서는 이렇게 세계 곳곳에서 만날 수 있는 생물과 환경의 관계에 대해서 알아보겠습니다.

## 생태계는 무엇으로 구성되어 있을까?

전 세계 곳곳에서 살아가는 생물들은 일정한 공간을 차지하고 자연환경과 밀접한 관련을 맺으며 서로 영향을 주고받으면서 살아가는 시스템적 구조를 가지고 있습니다. 이를 생태계(ecosystem)라고 합니다. 시스템적 구조란 그 시스템을 구성하고 있는 구성 요인 중 하나라도 변화가 생기면 서로에게 영향을 미칠 정도로 얽혀 있다는 뜻입니다.

생태계는 때로는 자연 상태에서, 때로는 인위적인 상태에서도 조성됩니다. 자그마한 수풀이나, 연못, 울창한 삼림, 사막, 하천, 큰 바다 등 다양한 크기의 자연 생태계가 있으며, 논이나 밭 같은 경작지, 저수지, 아름답게 조성한 공원 같은 인위적인 생태계도 있지요.

어느 생태계든 그곳에는 생물이 있고, 그 생물이 살아가는 데 큰 영향을 미치는 환경이 있습니다. 시스템적 구조인 생태계는 무엇으로 구성되어 있을까요?

생태계를 연구하는 분야인 생태학은 생물과 환경이 주고받는 영향을 연구하는 학문입니다. 생태학자는 어떤 생물이 어디에 얼마나 많이 살고 있으며 환경과 어떤 영향을 주고받는가를 설명합니다. 사실 환경은 너무

연못 생태계, 숲 생태계, 하천 생태계, 해양 생태계(왼쪽 위에서부터 시계 방향으로)

나 복잡하기 때문에 생물이 수많은 요인들의 영향을 받을 수밖에 없습니다. 생태학자들은 생태계를 생태계 내의 모든 생물을 가리키는 생물적 요인과 빛, 온도, 물, 토양, 공기 같은 비생물적 요인으로 나눕니다.

생물적 요인은 다시 생태계 내의 역할에 따라 생산자, 소비자, 분해자로 나눌 수 있습니다. 생산자는 광합성을 통해 무기물로부터 유기물을 합성하는 생물을 말하며, 소비자는 광합성을 하지 못해 다른 동물이나 식물을 먹고 사는 생물, 분해자는 생물의 사체나 배설물에 들어 있는 유기물을 무기물로 분해하는 생물을 말합니다.

생태계의 생물적 요인에서 생명체 하나하나를 개체라고 합니다. 생태계 내에 있는 대부분의 생물은 무리지어 생활하는데 일정한 지역에 살면서 교배하여 자손을 낳는 같은 종의 개체 집단을 개체군이라고 합니다. 여러 종류의 개체군이 일정한 지역에서 어울려 살아가는 것은 군집이라고 합니다. 군집과 자연환경이 조화를 이루어 생태계를 이룹니다.

생태학은 환경 문제에 대한 통찰력을 제공하는 학문이라고 할 수 있으며, 생태학자는 생물과 환경의 상호 작용을 여러 단계에서 연구합니다. 개체 단계에서는 한 종류의 생명체가 생리적인 면이나 행동을 통해서 환경에 어떻게 대처하고 기회로 삼고 있는지에 대해 연구합니다. 히말라야 고산 지역에는 왜 뱀이 살지 않는지 연구하는 것이 그 예입니다.

특정한 지역에 살고 있는 동일한 종으로 구성된 개체군 단계에서는 시간이 경과함에 따라 개체군이 변화하는 방법과 원인, 크기에 영향을 주는 요인을 분석합니다. 히말라야 산양 집단의 크기 변화에 끼치는 영향을 연구하는 것이 그 예입니다.

환경 내의 모든 생물적 요인을 포함하고 있는 군집 단계에서는 생물들 간에 먹고 먹히는 관계, 경쟁 같은 종들 사이의 상호 작용을 연구합니다. 히말라야 산양이 뜯어 먹는 식물이나 산양을 잡아먹는 동물과의 관계를 연구하는 식이지요. 생물적 요인과 비생물적 요인을 모두 포함하고 있는 생태계 단계에서는 생물과 환경 사이의 에너지 흐름이나 물질 순환에 대해 연구합니다. 히말라야 초지에서 분해되는 식물이 얼마나 빠르게 무기 영양분을 내놓는가 같은 연구가 거기에 속합니다.

## 북극 여우의 귀가 작은 이유

산꼭대기부터 깊은 바닷속까지 번성하고 있는 생명체들은 성공적으로 살아남기 위해서 환경 변화에 적응해야만 합니다. 환경 변화는 사람을 비

북극 여우      온대 지방 여우      사막 여우

**서식지에 따른 여우의 신체 말단부 크기 차이**

롯한 생명체들에 의해 야기될 수도 있고, 비생물적 요인에 의해서 일어날 수도 있습니다.

우리가 잘 알고 있는 여우의 생김새를 떠올려봅시다. 북극에 사는 여우와 사막에 사는 여우, 그리고 온대 지방에 사는 여우들을 본 적이 있을 것입니다. 온대 지방에 사는 여우에 비해 북극 여우는 몸집이 크고 귀 같은 몸의 말단부가 작습니다. 이에 비해 사막 여우는 몸집이 작고, 몸의 말단부가 큰 편입니다.

이는 여우의 경우에만 일어나는 현상이 아닙니다. 북극에 사는 북극곰과 말레이반도에서 사는 태양곰도 비슷합니다. 북극곰에 비해 태양곰은 크기가 매우 작아 개만 한 정도입니다. 이처럼 추운 지방에 사는 동물일수록 몸집은 크고 몸의 말단부는 작은 경향이 있습니다. 왜일까요?

머릿속에 제일 먼저 떠오르는 생각은 무엇인가요? 북극은 춥고 사막은 덥다는 것이겠지요. 추운 지방에서는 체온이 떨어지는 것을 막아야 할 것이고, 더운 지방에서는 체온이 올라가는 것을 막아야 할 것입니다. 체온을 일정하게 유지해야만 물질대사를 비롯한 여러 가지 생리 작용이 적절하게 이루어질 테니 말입니다. 추운 지방에 사는 북극 여우는 몸집이 크

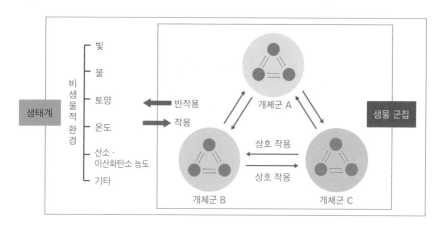

**생태계 구성 요소 간의 상호 작용**

고 몸의 말단부가 작으니 열 손실을 줄이는 데 유리하고, 더운 지방에 사는 사막 여우는 몸집이 작고 몸의 말단부가 커서 열 방출이 잘되니 체온 상승을 막아줄 것입니다.

이처럼 생태계에서 빛, 온도, 물, 토양, 공기와 같은 비생물적 환경 요인의 변화는 생물의 생활에 영향을 주기도 합니다. 물론 반대로 생물의 생명 활동이 환경에 영향을 주어 환경이 변하기도 합니다. 생태계에서 비생물적 환경 요인이 생물의 형태와 생활 방식에 영향을 주는 것을 작용이라고 하고, 생물이 비생물적 요인을 변화시키는 것을 반작용이라고 합니다.

예를 들어 대기 중의 이산화 탄소나 대기 온도가 광합성을 하는 식물에 영향을 주는 것은 작용이고, 식물이 광합성 작용으로 산소를 대기 중에 공급하여 대기 성분 조성에 영향을 주는 것은 반작용입니다. 또한 생태계 내에서는 생물과 생물이 서로 영향을 주고받는 상호 작용이 일어나기도 합니다.

여우의 예처럼 생물이 비생물적 요인인 환경의 영향을 받아 몸의 구조나 기능 등이 변하는 현상을 적응이라고 합니다. 생물은 다양한 비생물적 요인에 적응하며 살아가고 있습니다. 생물의 생존에 영향을 끼치는 요인은 이처럼 복합적입니다.

## 그 많던 꿀벌들은 다 어디로 갔을까?

2006년경 세상을 떠들썩하게 했던 꿀벌 실종 사건이 있었습니다. 미국 플로리다주에서 벌통 안에 있어야 할 꿀벌 2000만 마리가 감쪽같이 사라진 것입니다. 그 후 미국뿐만 아니라 영국, 스페인, 독일, 이탈리아, 그리스와 동남아 국가를 비롯해 우리나라에서도 유사한 일이 발생했습니다.

우리나라에서는 벌꿀 생산량이 2007년에 이미 2003년보다 35% 이상 감소했다고 합니다. 일찍이 아인슈타인이 "꿀벌이 지구에서 사라진다면 인류도 4년 내에 멸종할 것"이라고 내다보았음을 상기하면 엄청난 사건이지요.

2016년 10월 미국은 꿀벌을 멸종 위기종으로 지정했습니다. 멸종 위기종 보호법에 따라 하와이 토종 꿀벌 7종과 꿀벌의 일종인 호박벌은 미국 어류 및 야생동물 관리국(USFWS)이 국가 차원에서 보호하는 종이 되었습니다.

이러한 움직임이 일어난 까닭은 세상에 꿀벌이 없다면 악몽 같은 일이 벌어질 수 있기 때문입니다. 꿀벌은 꽃가루를 동일한 종류의 식물에게 옮겨 수정이 일어나게 합니다. 곤충이 꽃가루를 운반하여 생식하는 식물 중 약 85%가 꿀벌의 도움을 받고 있습니다.

이를 보면 꿀벌이 사라진다는 것은 매우 위중한 일임에 틀림없습니다.

인간의 식량인 농작물 중 다수가 꿀벌 덕택에 가루받이가 일어나고 있으니 말입니다.

도대체 그 많던 꿀벌이 왜 사라진 것일까요? 과학자들은 그 이유를 몇 가지로 정리하고 있는데 대체로 인간의 탐욕과 결부되어 있습니다. 우선 농작물을 대량 경작하다 보니 꿀벌의 먹이 종류가 단순해져서 꿀벌들의 영양소 부족을 야기했을 것입니다. 마치 사람이 편식을 하면 영양소 결핍이 일어나는 것처럼 말입니다.

기후 온난화와도 관련되었을 것으로 보고 있습니다. 기후 온난화로 인해 한여름 폭염이 이어지자 꿀벌이 집단 폐사하고 산란 능력이 떨어졌을 수 있습니다. 유전자 변형 식물이 꿀벌에게 알레르기 반응이나 독성 증가, 면역력 감소를 불러왔을 가능성도 있습니다.

농약 사용 증가나 환경 오염으로 인해 꿀벌들의 체내에 독성 물질이 축적되어 꿀벌이 생존하기 어려워졌을 수도 있습니다. 살충제 사용으로 지구상에서 가장 빠른 속도로 사라지고 있는 생명체 가운데 하나가 바로 꿀벌이라고 하니까요. 이와 관련된 다양한 연구 결과들이 있는데 그중 하나만 소개해 보도록 하겠습니다.

2016년 6월 세계적인 과학 저널 《사이언스(Science)》지에는 해충을 죽이는 데 사용하는 니코틴계 신경 자극성 살충제인 네오니코티노이드(Neonicotinoid) 계열 살충제가 꿀벌 집단 생존에 심각한 위협이 된다는 연구 결과가 실렸습니다. 캐나다의 옥수수 밭에서 진행된 실험에 의하면 4개월 정도 살충제에 노출된 일벌의 폐사율이 증가하여 개체 수가 급감하고, 면역력이 약해졌다고 합니다.

꿀벌은 꽃이 모여 있는 장소를 찾으면 꿀을 가져와서 동료에게 일부 맛보게 하고 냄새를 맡게 합니다. 그러고는 '춤'을 춰서 먹이가 있는 장소를 알립니다. 이러한 춤사위 통신 능력이 전자파 노출량 증가로 사라졌을 가능성도 있습니다. 전자파 때문에 방향 감각을 상실하여 집으로 돌아오지 못하는 경우가 발생하는 것입니다.

또한 양봉의 특성상 이동을 하는 경우가 많은데 이 역시 꿀벌들에게 스트레스를 일으켜 개체 수 급감을 가져왔을 수 있습니다. 계속되는 근친교배로 인한 유전적 다양성의 결여도 한몫을 했을 것입니다.

앞서 예로 든 여우는 온도라는 환경 요인에 적응하여 생김새가 달라졌다고 했지요. 꿀벌은 농작물의 단순화, 기후 온난화, 환경 오염, 살충제 등 매우 다양한 요인 때문에 생존이 위협받고 있습니다.

여우와 꿀벌의 사례에서 볼 수 있듯이 어떤 생명체가 살아가는 데에는 다양한 요인들이 영향을 끼치고 있습니다. 생물들의 삶에 환경이라는 비생물적 요인, 농작물의 단순화와 같은 생물적 요인이 복합적으로 작용하여 영향을 준다는 뜻입니다.


## 독도의 식물들은 왜 키가 작을까?

독도를 여행하거나 사진을 본 적이 있다면 독도의 식물들도 얼핏 보았을 것입니다. 가만히 들여다보면 독도에 있는 식물들의 키는 대체로 작습니다. 그 이유는 무엇일까요?

독도는 화산암체로 이루어져 있으며, 토양은 산의 정상부에서 풍화되어 생성되었습니다. 섬의 경사가 심해 비가 내리면 비탈을 타고 빗물이 흘러내려 가기 때문에 토양의 양이 적고, 토양의 깊이도 대체로 30cm 정도밖에 되지 않습니다. 독도에 부는 바람의 연간 풍속은 4.3m/s, 지난 20년

## 섬 전체가 천연기념물, 독도

독도는 멀리서 보면 망망대해에 외로운 섬으로 보이지만 그 안을 들여다보면 독특하고도 다양한 생물들이 저마다 터전을 잡고 있다. 화산섬인 독도는 지질학적으로도 가치가 커서 1999년에 천연기념물(제336호)로 지정되었다. 독도에서 볼 수 있는 새는 약 140여 종, 곤충은 100여 종이다. 흑비둘기는 독도의 명물 새로 천연기념물로 지정되어 보호받고 있다.

독도의 곤충들 중에는 생물 지리적 한계선 역할을 하고 있음이 밝혀진 곤충들이 있다. 독도장님노린재는 세계 분포상 독도가 북방 한계선이며, 섬땅방아벌레는 독도가 서방 한계선이다.

독도의 토양은 깊이가 얕아 식물이 뿌리를 내리기 어려운 환경이지만 그곳에도 많은 식물들이 살고 있다. 특히 섬기린초, 섬초롱꽃은 울릉도와 독도에서만 자라는 식물로 알려져 있다.

독도는 난류와 한류가 만나는 북위 30~40° 지역의 동해 바다에 위치해 있는데, 플랑크톤이 풍부하여 수산 자원의 보고로 자리 잡고 있다. 독도의 미생물로 알려진 종도 몇 종 있다. 2005년 독도에서 세계 최초로 4종의 신종 세균들이 발견되었는데, 이 중 '동해아나 독도넨시스(*Donghaeana dokdonensis*)'는 2008년 우주 실험용 미생물로 채택되어 우주 여행을 하기도 했다.

간 풍속의 최댓값은 25.5m/s 정도입니다.

이처럼 깊이가 낮은 토양에서 거센 바닷바람을 직접 맞으며 추위를 견뎌야 하는 독도의 식물들은 뿌리가 짧고 작은 키에 잎이 두텁고 잔털이 많이 나 있는 초본류가 대부분입니다. 이런 환경에서 키가 큰 목본류는 자라기가 어렵기 때문입니다.

독도에 존재하는 생물들은 어디서 온 것일까요? 독도에 존재하는 생물의 기원은 두 가지로 설명할 수 있습니다. 새로운 생물종이 그 지역에서 생겨나거나 다른 곳에서 유입된 것이지요. 둘 중 어느 경우든 바람이 많이 불고 얕은 토양에 가뭄과 추위라는 환경 조건에서 생존하여 생식하는 개체는 자손을 통해 유전 인자를 다음 세대에 전달해야만 합니다. 다른 생명체의 먹이나 위협이 되는 생물적 환경도 독도에서의 생존에 영향을 미칠 수 있습니다.

이는 오늘날 독도의 생명들이 자연 선택을 통해 생물적 요인과 비생물적 요인에 적응하였음을 나타냅니다. 즉, 생물적 요소와 비생물적 요소를 포함한 환경에 가장 적절한 형질을 가진 개체는 다음 세대에 자신의 유전자를 넘겨줄 수 있었던 것입니다.

**조사 활동** 우리 학교 생태 지도 만들기

1. 자연 관찰 플랫폼인 네이처링(https://www.naturing.net)을 이용하여 관찰 주제를 정한다. (관심 있는 여러 사람이 함께 과제를 실행할 수 있도록 한다.)

2. 네이처링에 접속하여 미션을 개설한다. 예를 들어 자신이 다니고 있는 학교명을 사용하여 아래와 같은 과제를 정한다.
  - ○○중학교 생태 지도 만들기
  - ○○고등학교 식물의 개화 시기 및 분포 조사

3. 교내에서 찾을 수 있는 생물들을 관찰하고 휴대전화로 촬영하여 미션 방에 올린다.

4. 계절별로(기간은 임의로 정한다) 올린 자료를 바탕으로 정리하여 우리 학교 생태 지도를 작성해 본다.

# 2 먹고 먹히는 관계가 틀어지면 어떤 일이 일어날까?

（！）먹이 사슬, 먹이 그물, 생태 피라미드, 생태계 평형

식탁에 자주 오르는 멸치는 우리나라의 전 연안에 분포하는 물고기로 독도에도 서식하고 있습니다. 정약전의 『자산어보』에는 멸치가 불빛을 좋아하기 때문에 밤에 등을 밝히고 움푹 파인 곳으로 유인하여 그물로 잡았다는 이야기가 실려 있을 정도로 우리에게 친숙한 물고기지요.

멸치는 대체로 몸이 작고 생김새가 늘씬합니다. 등 쪽은 빛깔이 진한 청색이고 배 쪽은 은백색을 띠고 있습니다. 해양수산학자인 황선도 박사의 저서 『멸치 머리엔 블랙박스가 있다』에 따르면 멸치는 봄에 연안으로 들어왔다가 가을에 바깥 바다로 이동하는 연안 회유성 어종으로, 무리지어 서식하며 플랑크톤을 주요 먹이로 삼습니다.

멸치는 수명이 2~3년 정도인데 한 마리가 한배에서 낳는 알은 보통 4000~5000개라고 알려져 있고, 부화 시간은 약 38시간으로 짧은 편입

니다. 이런 멸치는 바다 생태계에서 어떤 위치를 차지하고 있을까요?

멸치가 바다 생태계에서 하는 가장 중요한 역할은 육식성 어류의 주요 먹이원으로서 먹이 관계에서 중간 고리에 있다는 것입니다. 작은 몸, 한 번에 많은 알을 낳는 것, 빠른 부화와 조기 성숙으로 수를 불린 멸치는 바닷속 생태계에 기여하는 바가 매우 크다고 할 수 있습니다. 만일 멸치가 없다면 바다 생태계 유지에 심각한 영향을 끼칠 것입니다.

멸치를 먹고 사는 생물들은 참 많습니다. 상어나 가다랑어 같은 육식

**육상·수상 먹이 사슬의 예**

화살표는 생물이 다른 생물을 섭취할 때 영양 단계를 통하여 이동하는 에너지와 영양분을 표시한 것이며, 분해자는 표시하지 않았다.

성 물고기나 고래 같은 바다 포유류, 심지어는 갈매기 같은 바닷새도 멸치를 먹습니다. 멸치가 사라진다면 이 수많은 생물들의 먹거리에 문제가 생긴다는 뜻입니다.

멸치가 사는 바닷속 모습을 볼까요? 생산자인 식물성 플랑크톤을 동물성 플랑크톤이 먹고, 동물성 플랑크톤을 멸치가 먹고, 멸치는 상어나 가다랑이의 먹이가 됩니다. 이처럼 생산자에서부터 최종 소비자까지 먹고 먹히는 관계가 사슬처럼 연결되어 있는데, 이를 먹이 사슬이라고 합니다. 멸치는 이 먹이 사슬의 중간 단계에 있지요.

어디 바다뿐일까요? 육지의 생태계에서도 이런 먹이 사슬을 쉽게 찾아볼 수 있습니다. 다양한 풀과 나무, 곤충과 작은 포유류, 이들을 먹고 사는 좀 더 큰 포유류가 사는 숲을 상상해 보면 쉽게 그림이 그려질 것입니다. 이들의 먹고 먹히는 관계가 바다 생태계와 마찬가지로 사슬처럼 연결되어 있다는 것을 말입니다.


## 먹이 사슬이 복잡하게 얽혀 있는 먹이 그물

만일 우리가 평생 한 가지 음식만 먹고 살아야 한다면 어떨까요? 우선 영양분이 부족해질 것입니다. 그리고 만일 그 한 가지 음식이 세상에서 사라진다면, 더 이상 살아갈 수 없을 것입니다. 그러나 다행히 우리는 한 가지 음식만 먹지는 않습니다. 방금 먹은 음식이 무엇이었든, 그 속엔 곡류나 채소, 동물성 식품이 포함되었을 것입니다.

이 말은 어떤 생물이 살아가는 데에는 다양한 생물들과 먹고 먹히는 관계를 형성하고 있음을 의미합니다. 먹고 먹히는 관계는 먹이 사슬처럼 간단하지 않습니다.

생태계 내에서 여러 개체군이 섞여 살아가는 군집을 생각해 봅시다. 어느 생물은 다른 여러 생물들을 먹기도 하고, 한편으로는 또 다른 많은 생물들의 먹이가 되기도 합니다. 심심찮게 서울 양재천에 나타났던 너구리도 그렇습니다. 개과에 속하는 너구리는 잡식성으로 열매나 고구마 같은 식물성 먹이뿐만 아니라 작은 동물들은 물론 뱀 같은 포식자를 먹기도 합니다.

그렇다면 잡식 동물 중 가장 다양한 먹이를 취하는 동물은 무엇일까요? 아마도 인간일 것입니다. 이처럼 생태계에서 생물들은 하나의 먹이 사슬로만 연결되어 있지 않고 여러 먹이 사슬들로 복잡하게 얽혀 있습니다. 그 모습이 마치 그물처럼 복잡한 모습이라고 해서, 이를 먹이 그물이라고 합니다.

먹이 그물은 육상 생태계뿐만 아니라 해양 생태계에서도 찾아볼 수 있습니다. 남극에 사는 바다표범은 펭귄 같은 새를 먹기도 하고 물고기나 오징어도 먹습니다. 바다표범을 잡아먹는 고래도 바다표범이 먹는 먹이를 동시에 먹기도 합니다. 이처럼 육상 생태계와 해양 생태계 모두 단순한 먹이 사슬을 넘어 복잡한 먹이 그물을 형성하고 있습니다. 먹이 그물 안에 먹이 사슬이 있는 셈이지요.

무엇을 먹는다는 것은 에너지원을 섭취한다는 말과 같은 의미이므로, 생태계에서 에너지는 먹이 관계를 따라 이동한다고 할 수 있습니다. 그렇다면 먹이 관계를 따라 에너지가 전달될 때 하위 영양 단계의 생물이 가지고 있던 에너지가 모두 전달될까요? 잡아먹히는 생물들도 생활하며 에너지를 사용할 것입니다. 그러므로 이들이 가진 에너지의 일부만이 상위 영양 단계로 전달됩니다.

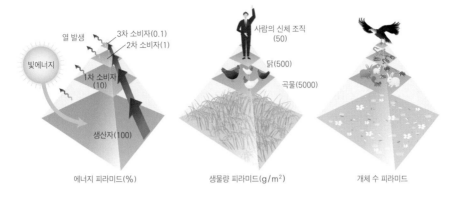

생산자(100)

열 발생    3차 소비자(0.1)
         2차 소비자(1)
빛에너지
         1차 소비자
         (10)

사람의 신체 조직
(50)

닭(500)

곡물(5000)

에너지 피라미드(%)     생물량 피라미드(g/m²)     개체 수 피라미드

**생태 피라미드**

다시 말해 먹이 관계에서 상위 영양 단계로 갈수록 전달되는 에너지의 양은 점점 줄어드는 경향이 있습니다. 이것을 영양 단계별로 쌓아보면 피라미드 모양이 됩니다. 이상적인 피라미드에서는 각 영양 단계에 유입된 에너지의 10% 정도가 다음의 상위 단계로 들어갑니다. 일반적으로 에너지 이동 효율은 5~20% 정도입니다. 정리하자면 각 영양 단계의 80~95%의 에너지는 다음 단계로 넘어가지 않습니다.

에너지만 피라미드 모양일까요? 먹이 사슬의 각 영양 단계에 속하는 생물의 질량을 생물량이라고 하는데 생물량을 영양 단계별로 쌓아보면 위쪽으로 갈수록 줄어듭니다.

개체 수는 어떨까요? 각 영양 단계의 개체 수를 세어서 영양 단계별로 쌓아보면 이 역시 상위로 갈수록 줄어듭니다. 에너지, 생물량, 개체 수에서 볼 수 있는 이러한 형태를 그림으로 나타내면 위로 갈수록 좁아지는 피라미드 모양을 띠므로 이를 생태 피라미드라고 합니다.

# 생태계 평형은 어떻게 유지될까?

생태계는 커다란 환경 변화가 일어나지만 않는다면, 오랜 세월에 걸쳐 대체로 생물 군집의 구성이나 개체 수, 에너지의 흐름 역시 크게 변하지 않고 안정된 상태를 유지합니다. 이를 생태계 평형이라고 합니다.

생태계 평형은 주로 먹이 사슬에 의해 유지됩니다. 생태계 내에서 어떤 개체군의 수가 변하면 그 개체군과 먹고 먹히는 관계로 연결된 다른 개체군의 수도 변합니다.

토끼와 토끼의 먹이인 토끼풀, 그리고 토끼를 잡아먹는 매의 먹이 사슬을 생각해 봅시다. 토끼(1차 소비자)의 수가 일시적으로 증가하면 토끼가 먹이로 삼는 토끼풀(생산자)도 연쇄적으로 감소하여 생태계 평형이 일시적으로 깨집니다. 그러나 토끼가 증가하면 토끼를 먹이로 삼는 매(2차 소비자)도 증가하고, 매의 증가는 다시 토끼의 감소를 가져옵니다. 결국 1차 소비자인 토끼가 감소하므로 생산자인 토끼풀은 다시 증가하고, 2차 소비자인 매는 감소하여 원래의 안정된 생태계로 회복되는 것입니다.

이처럼 생태계 평형에 있어서 먹이 사슬은 중요합니다. 그렇다면 먹이 사슬이 단순한 구조일 경우와 복잡한 구조일 경우, 어느 쪽이 생태계 평형에 유리할까요? 먹이 사슬이 복잡하게 얽혀 있다면, 어느 한 가지 먹이에 문제가 생기더라도 대체할 만한 먹이가 있기 때문에 생태계 평형 유지에 훨씬 유리할 것입니다. 따라서 먹이 사슬이 복잡하게 얽혀 있을수록 생태계 평형이 잘 유지되는 것입니다.

그렇다면 생태계 평형은 영구적으로 유지될 수 있을까요? 결론부터 말하면 아닙니다. 생태계가 다시 회복될 수 있는 한계를 넘어가게 되면 생태계 평형은 깨질 수 있습니다. 생태계 회복 한계를 넘어가는 요인에는 어떤

### 먹이 사슬은 왜 무한정 길어지지 않을까?

먹이 그물 안에 있는 먹이 사슬은 몇 단계나 될까? 앞의 먹이 사슬 그림에서 먹이 관계를 따라 세어보면 알 수 있듯이, 다섯 단계 또는 그보다 더 적게 이어져 있다. 먹이 사슬은 왜 이렇게 짧을까?

생물학자들은 두 가지 가설을 내놓았다. 첫째는 에너지 가설이다. 먹이 사슬을 통해 전달되는 에너지는 상위 영양 단계로 약 10% 정도만 전달된다. 100kg 정도의 생산자는 초식 동물 생물량의 10kg를 지탱할 수 있고, 육식 동물 생물량의 1kg만을 지탱할 수 있다. 이런 이유로 먹이 사슬 단계는 무한히 이어질 수 없다. 광합성 생산력이 높은 서식지에는 에너지 양이 많을 테니 더 긴 단계의 먹이 사슬이 가능할 것이다.

둘째로 먹이 사슬의 동물은 상위 단계로 갈수록 몸집이 커지는 경향 때문이라는 가설이다. 물론 기생 생물은 예외이다. 육식 동물은 한입에 넣을 수 있는 먹이의 크기에 한계가 있다. 둥둥 떠다니며 수많은 크릴 새우를 먹는 고래 같은 몇 가지 예외가 있지만, 대체로 몸집이 큰 육식 동물은 매우 작은 먹이들로는 생존할 수 없다. 작은 동물로는 육식 동물들이 필요한 먹이의 양을 주어진 시간에 확보할 수 없기 때문이다.

것이 있을까요?

어떤 지역에 커다란 홍수로 말미암아 산사태가 일어나 토양이 유실되었다고 합시다. 이는 생물 서식지를 파괴하는 결과를 초래하므로 생태계 평형 유지가 어려울 것입니다. 화산 분출은 어떨까요? 2018년에 하와이 빅아일랜드에 화산 분출이 여러 달 이어졌습니다. 이로 인해 인간이 피해를 입은 것은 물론이고 생명체들이 초토화되어 생태계 복원력을 넘어서

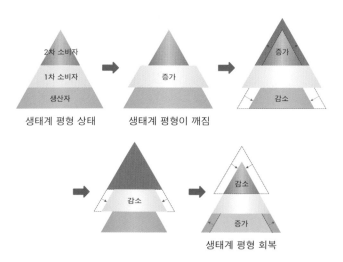

**생태계 평형이 이루어지는 과정**

는 변화를 가져왔습니다.

최근에는 지구 온난화로 인한 생태계 변화가 곳곳에 감지되고 있습니다. 북극의 빙하들이 녹아 이전에 볼 수 없었던 현상들이 일어나고 있기도 합니다. 저위도의 해양 생물이 북극해까지 이동하여 기존 생태계 평형을 위협하고, 바닷물의 염도를 떨어뜨려 해양 생태계 먹이의 근원인 식물성 플랑크톤의 번식을 방해합니다. 이는 결국 먹이 사슬을 따라 상위 영양 단계 생물의 생존에 영향을 끼칠 것입니다.

자연적인 요인뿐만 아니라 인간 활동에 의한 생태계 파괴도 문제입니다. 도로 건설을 위해 삼림을 파괴하고 토양을 아스팔트로 덮었다면 생물 서식지를 파괴하는 셈입니다. 이 정도면 원래의 생태계로 돌아가기란 불가능합니다. 급격한 삼림 파괴라는 환경 변화가 생태계 평형 회복의 한계를 넘어가는 요인이 된 것입니다. 이렇듯 자연적인 요인보다 인간 활동에 의한 요인이 더 큰 문제를 일으킵니다.

# 인류가 생태계의 다양성을 지켜야 하는 이유

우리는 건강한 생태계라는 말을 자주 사용합니다. 건강하다는 것은 어떤 상태를 의미할까요? 생태계가 건강하다는 것은 곧 아무 탈 없이 튼튼하게 유지되는 생태계를 말합니다. 여기서 '아무 탈이 없다'는 것은 먹이 사슬과 먹이 그물이 잘 유지되고 다양성이 살아 있는 생태계를 말합니다.

앞에서 살펴본 대로 꿀벌이 사라지게 된 데는 여러 요인이 있습니다. 우리나라에서의 꿀벌 실종에는 한반도에서 일어나고 있는 아열대성 기후 변화가 주요 요인이라고 생각하는 사람들이 많습니다. 기후 변화로 인해 꿀벌의 주요 채집원인 아카시나무 서식지 면적이 최근 20년 사이에 절반으로 줄어든 것에 이목을 집중하고 있지요.

바나나 역시 멸종이 염려되고 있습니다. 바나나는 기원전 5000년부터 인류가 재배하기 시작했는데, 맛이 좋고 열량이 높아 식량으로서 효용 가치가 매우 높은 과일입니다. 열대 지방에서만 먹던 이 과일을 전 세계로 수출하게 되면서, 사람들은 껍질이 두꺼워 오랜 기간 운반해도 쉽게 무르지 않는 품종만 개발했습니다. 이 품종은 삽시간에 전 세계로 퍼져나가서 현재 대부분의 바나나 농장이 이 품종만 기르고 있습니다.

그런데 최근 이 바나나를 순식간에 고사시키는 곰팡이가 발견되었습니다. 대규모 농장의 바나나는 모두 유전적으로 같은 품종이라, 이 병에 대한 저항력이 없어 한 번에 죽을 수도 있습니다. 다행히 아직은 야생 바나나 종이 남아 있어서 대처할 수 있지만, 그럴 수 없는 다른 사례들도 많습니다.

우리가 익히 알고 있는 아마존 열대 우림도 걱정거리입니다. 아마존 열대 우림이 파괴되는 속도가 놀랄 만합니다. 2015년에만 서울시 면적의 8배가 넘는 $5012km^2$ 정도가 파괴되었다고 하니 엄청나지요. 이런 추세라면 50여 년 후에는 엄청난 양의 이산화 탄소를 흡수하던 아마존 열대 우림이 사라지고 지구 온난화도 가속화될 것입니다. 또한 항암제의 원료로 알려진 2100여 종의 식물도 함께 사라질 것입니다.

이처럼 세계의 자연 생태계는 빠르게 훼손되고 있습니다. 이미 지구상에서 절반 정도의 삼림이 사라졌고, 매년 수천 $km^2$ 이상이 뒤를 따르고 있습니다. 2000년에 발표된 유엔 환경 프로그램 보고서에 따르면 전 세계 현존하는 생물종은 약 1400만 종에 이른다고 합니다.

생물종이 사라지는 빠르기를 정확하게 가늠하기는 어렵지만 유엔이 '2010년 세계 생물 다양성의 해'를 맞이하여 발간한 「제3차 세계 생물 다양성 전망 보고서(Global Biodiversity Outlook-3)」는 오늘날 생물종 감소가 자연 상태에서보다 1000배 이상 빨리 진행된다고 보고했습니다.

현 시대를 여섯 번째 대멸종의 시기라고 부르기도 합니다. 이는 지질 시대 동안 일어난 다섯 번의 대멸종처럼 수많은 생물종이 지구에서 사라지는 일이 바로 지금 일어나고 있다는 의미입니다. 지난 다섯 번의 대멸종과 다른 점이 있다면, 이번에는 원인이 인간이라는 것입니다. 인간은 자신의 서식지를 넓히고 편안한 생활을 유지하기 위해 많은 생물과 생태계를 파괴하고 있습니다. 많은 사람들이 이러한 현실을 걱정하면서 생물 다양성을 보전해야 한다고 말하고 있습니다.

세계적인 환경 조직으로서 전 세계 생물종들의 상태를 관리하고 있는 세계자연보전연맹(IUCN)에 따르면, 자연 보전이란 자연의 완전성과 다양성을 보전하고 자연 자원을 평등하고 지속 가능하게 사용하는 것입니다. 그중에서도 가장 중요한 것이 생물 다양성 보전이라고 말합니다.

우리는 왜 생물 다양성을 보전해야 할까요? 당연히 거기에 가치가 있기 때문입니다. 생물 다양성의 보전에 대한 타당성을 흔히들 다음과 같이 주장하고 있습니다.

첫째, 생물 다양성은 심미적·정서적으로 매우 중요합니다. 어떤 인위적인 조형물이나 예술품도 천연의 자연이 지닌 아름다움을 뛰어넘지 못할 것입니다.

둘째, 모든 생물은 평등한 생명권을 지니고 있습니다. 인간은 다른 생물종을 멸종시킬 어떤 권리도 부여받은 적이 없으며, 다른 생명체를 멸종시키는 것은 자연의 섭리를 벗어나는 일입니다. 모든 생물종은 오랜 진화의 산물이고 각 생물들은 지구상에 존재할 내재적 가치가 있습니다. 그런 의미에서 생물 다양성 보전은 인간의 도덕적이며 윤리적인 책임 중의 하나라고 할 수 있습니다.

셋째, 생물 다양성 보전은 인간의 복지, 번영, 생존과 직결되어 있기 때문입니다. 동식물들은 인류의 식량원으로 중요할 뿐만 아니라, 수많은 항암, 항균제 및 치료제를 식물과 미생물로부터 얻고 있으므로 경제적 가치가 있습니다. 생물 다양성과 건강한 생태계가 유지되는 생태계에서 우리는 많은 것을 얻을 수 있습니다. 인류가 살아온 아주 옛날부터 다양한 동식물은 식량 자원이 되었고 수많은 의약품의 원료가 되어왔다는 사실을 생각해 보면, 생물 다양성 감소는 매우 안타까운 일입니다.

넷째, 생물종 감소는 생태계의 안정성 저하라는 결과와 직결됩니다. 예를 들어 열대 우림 파괴는 식물종의 멸종과 개체군의 감소로 나타나며, 이는 결국 지구 온난화를 가속시킬 것입니다.

무엇보다도 명심해야 할 것은 생태계가 파괴된 곳에서는 인류도 생존할 수 없다는 사실입니다. 그러므로 우리는 생태계 보전을 위해 어떠한 노력을 해야 할 것인지 진지한 고민을 해야 합니다.

**조사 활동** 환경 변화가 생태계에 영향을 미친 사례 조사하기

1. 내가 살고 있는 지역에서 최근에 일어난 환경 변화 중에 자연적인 원인으로 일어난 변화, 인위적인 원인으로 일어난 변화를 조사한다.

2. 환경 변화가 생태계에 어떤 영향을 미쳤는지 조사한다.

3. 자연적 혹은 인위적인 원인으로 생태계에 변화가 생겼다면, 이 변화가 우리의 삶에 어떤 영향을 끼쳤는지 환경 영향 보고서를 작성해 본다.

4. 작성한 보고서에 기반하여 우리 지역 구성원들(학급 구성원이나 주민 자치 모임)을 대상으로 발표한다.

# 3 기후 변화가 인류에게 던지는 메시지

⚠️ 기후 변화, 지구 온난화, 엘니뇨, 대기 대순환, 해수의 표층 순환

지구 환경은 끊임없이 변하고 있지만 사실 우리는 이런 변화를 일상생활에서 크게 느끼지 못하는 편입니다. 그렇지만 근래 여름은 우리에게 특별한 여름으로 기억될 것입니다. 최근 몇 년 동안 해마다 여름에 최고 온도 기록을 연거푸 갈아 치우는 폭염의 나날이 길게 이어지고 있으니까요.

서울의 기온은 40℃에 육박하기도 했습니다. 밤에도 더위는 식을 줄 모르고 열대야 지속 일수 신기록을 세웠습니다. 에어컨을 켜지 않고는 견딜 수 없으니 많은 사람들이 전기 요금을 걱정하기도 했고, 농업·어업·축산업에도 피해가 발생했습니다. 이러한 폭염과 열대야는 지구의 기후 변화 때문이라고 흔히들 말합니다.

사실 기후 변화가 미치는 영향을 입증하려면 꽤 오랜 시간 기록된 자료를 들춰봐야 합니다. 기후 변화가 일어났음을 잘 알 수 있는 자료 중 하

나는 벚꽃을 비롯한 봄철에 볼 수 있는 식물들의 개화 시기입니다.

혹시 춘서(春序)라는 말을 들어본 적이 있나요? 말 그대로 봄꽃이 피는 순서라는 뜻입니다. 우리 조상은 봄꽃 피는 순서를 하얀 눈 속에서 피는 동백과 매화를 시작으로 목련 → 개나리 → 진달래 → 벚꽃 → 철쭉 순이라고 생각해 왔습니다. 그런데 최근에는 이 순서가 뒤죽박죽 엉켜버리기도 하고, 꽃이 피는 시기도 예측하기 어려워졌습니다.

한국농림기상학회는 지난 60여 년간 서울과 인천, 부산 등 전국 6개 관측 지점에서 수집한 개나리와 벚꽃의 개화 시기를 분석한 자료집을 발표했습니다. 이를 보면 개나리와 벚꽃이 개화하는 시기의 간격이 점점 좁혀지고 있습니다. 1951~1980년에는 개나리가 핀 뒤 30일 뒤에 벚꽃이 개화했는데, 1981~2010년에는 그 편차가 21일로 줄었고, 2010년 이후에는 1주일 간격으로 더 줄어들었습니다.

왜 이런 일이 일어나는 것일까요? 많은 학자들은 이 역시 기후 변화 때문이라고 말합니다. '봄바람 휘날리며' 걷고 싶은 날을 예측하기가 점점 힘들어지고 있습니다. 한반도의 기상 자료를 보면 기후 변화의 증거는 더욱 확실하게 알 수 있습니다.

100년 동안 한반도 날씨 변

|  | 100년 전 30년간 (1912~1941년) | 최근 30년간 (1988~2017년) | 변화 추이 | |
|---|---|---|---|---|
| 연평균 기온 | 12.6도 | 14.0도 | +1.4도 | ↑ |
| 평균 최고기온 | 17.1도 | 18.2도 | +1.1도 | ↑ |
| 평균 최저기온 | 8.0도 | 9.9도 | +1.9도 | ↑ |
| 연평균 열대야 일수 | 3.6일 | 10.6일 | +7일 | ↑ |
| 연평균 폭염일수 | 9.3일 | 9.7일 | +0.4일 | ↑ |
| 연평균 서리일수 | 95.1일 | 69.4일 | -25.7일 | ↓ |
| 연평균 결빙일수 | 15.8일 | 7.9일 | -7.9일 | ↓ |
| 연 강수량 | 1181.4mm | 1305.5mm | +124.1mm | ↑ |
| 강수 일수 | 76.5일 | 78.1일 | +1.6일 | ↑ |
| 봄 일수 | 85일 | 88일 | +3일 | ↑ |
| 여름 일수 | 98일 | 117일 | +19일 | ↑ |
| 가을 일수 | 73일 | 69일 | -4일 | ↓ |
| 겨울 일수 | 109일 | 91일 | -18일 | ↓ |

출처: 「한반도 100년의 기후 변화」(국립기상과학원, 2018)

**지난 100년간 우리나라의 기후 변화**

### 기후 변화는 왜 일어날까?

과학자들은 기후 변화의 원인을 다각도로 찾아보고 다양한 가설을 제기하고 있다. 가설 중 몇 가지만 알아보도록 하자.

첫째, 대규모 화산 분출 때문이라는 가설이 있다. 화산이 분출할 때 많은 양의 화산재가 대기 중으로 분출되어 그 속에 섞여 있는 이산화 황이나 미세 입자가 지구로 들어오는 햇빛을 반사시켜 지구의 기온에 영향을 미친다는 것이다.

둘째, 해양에서의 황의 순환이 기후 변화를 일으킨다는 가설이다. 해양의 식물성 플랑크톤이 증가하여 이들로부터 방출되는 황 화합물이 대기 중에서 입자로 존재하는 황산염을 만들고, 황산염은 구름의 응결핵으로 작용한다. 이 때문에 구름 생성이 촉진되어 태양 빛의 반사율을 높여 지표면을 냉각시킨다는 이론이다.

셋째, 대륙이 이동하여 육지와 해양의 분포가 달라지기 때문에 기후 변화가 일어난다는 가설이다. 육지와 해양의 분포가 달라지면 바닷물의 흐름이 변하게 된다. 만일 대륙이 합쳐지면 건조한 지역이 늘어나고, 대륙이 분리되면 해양성 기후로 기온의 연교차가 줄어드는 기후 변화를 일으킨다.

넷째, 지구 자전축의 기울기가 달라지기 때문이라는 가설이 있다. 지구 자전축은 현재 $23.5°$ 기울어져 있지만 약 4만 1000년을 주기로 $22.1 \sim 24.5°$까지 변한다고 한다. 자전축이 현재보다 더 기울거나 아니면 기울기가 작아질 경우, 계절별로 받는 태양 에너지의 양 차이는 현재와 달라질 것이다.

화를 보면 점점 한반도가 더워지고 있다는 것을 알 수 있습니다. 연평균 기온, 연평균 열대야 일수, 연 강수량, 봄이나 여름 일수가 증가하고 가을이나 겨울 일수가 줄어들었습니다. 분명 한반도도 지구 온난화 대열에 합류하고 있다는 증거입니다. 오랫동안 안정적인 상태를 유지해 온 생태계의 톱니바퀴가 기후 변화 때문에 어긋나고 있습니다. 처음에는 미미한 수준이겠지만, 한계를 넘어 심하게 어긋난다면 생태계의 톱니바퀴는 부서져 버릴 것입니다. 어쩌다 이런 기후 변화가 일어난 걸까요?

## 온난화는 지구에 어떤 영향을 끼칠까?

우리나라의 기온이 높아졌다는 데에는 누구나 동의할 것입니다. 비단 우리나라만의 일일까요? 전 지구적인 양상은 어떨까요?

1912~1941년과 1986~2015년 사이의 각 30년 동안 연평균 기온 평균 값을 비교하면 우리나라는 1.4℃, 전 세계는 0.8℃ 상승했습니다. 전 세계 평균 기온 상승폭보다 우리나라의 평균 상승폭이 크지요. 어쨌든 전체적으로 평균 기온은 상승했습니다.

지구 온난화란 지구 표면의 평균 기온이 높아지는 것을 뜻합니다. 기상 학자들은 지구 온도 상승이 19세기부터 계속되고 있지만 상승폭이 최근 점점 커지고 있다는 데 주목하고 있습니다. 왜 그런 걸까요?

지구 대기의 특성은 지구 표면의 온도에 다양한 영향을 미칩니다. 지구 의 대기는 태양 복사 에너지를 쉽게 통과시키고 태양 복사 에너지에 의해 달구어진 지구 복사 에너지의 일부를 흡수하여 지구 표면으로 에너지를 다시 방출함으로써 지구 표면의 온도를 높이는 역할을 하고 있습니다. 대기가 온실 역할을 하는 셈이지요. 그래서 이러한 현상을 온실 효과라 부르고 온실 효과를 일으키는 기체를 온실 가스라고 합니다.

지금까지 알려진 온실 가스로는 수증기, 메테인, 이산화 탄소 등이 있습니다. 만일 온실 가스의 농도가 급격히 높아지면 어떤 일이 생길까요?

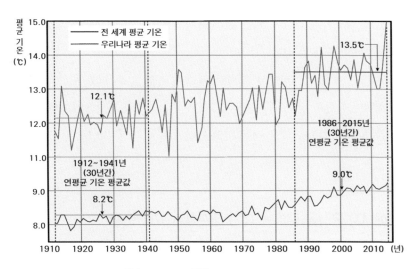

출처 : KBS, 2016, 기상청, 2016, NASA Goddard Institute for Space Studies, 2016

**우리나라 평균 기온 상승 양상**

당연히 지구 온난화가 심화되겠지요.

지구 온난화의 원인은 여러 가지겠지만 과학자들은 대기 중 온실 가스 농도의 급격한 증가가 가장 중요한 원인이라고 생각하고 있습니다. 산업혁명 이후로 산업 활동이 본격적으로 시작되면서 석탄, 석유 등과 같은 화석 연료 사용량이 늘어났고, 이로 인해 이산화 탄소와 같은 온실 가스가 증가했습니다. 이것이 지구 온난화로 이어진 것입니다.

이뿐 아니라 무분별한 벌목이나 토지 개발 같은 인간 활동도 이산화 탄소의 주요 흡수원인 산림 파괴를 일으키므로 온실 가스 배출을 늘린 요인이라고 할 수 있지요.

우리가 지구 온난화에 주목하는 이유는 이것이 지구 환경에 심각한 위협이 되기 때문입니다. 지구 온난화는 극지방의 빙하 감소, 해수면 상승, 가뭄, 사막화, 홍수와 폭풍 증가 등 지구 환경 변화와 밀접한 연관이 있는 것으로 알려져 있습니다. 이는 전 지구적인 문제이기 때문에 국제적인 협력과 노력이 필요합니다.

2015년 프랑스 파리에서 개최된 제21차 유엔 기후 변화 협약 당사국총회에서 이산화 탄소 배출량을 감축하는 데 각국의 자발적인 참여를 촉진하는 파리 협정을 맺은 것은 바로 그런 이유 때문입니다.

## 에너지 균형을 맞추는 대기 대순환과 표층 순환

기상과 기후라는 말을 자주 쓰지요. 둘은 뜻이 비슷해 보여 가끔 개념에 혼동을 일으킬 수 있습니다. 정확히 말하자면 기상은 일정한 지역에 매일 나타나는, 대기 중에서 일어나는 물리적인 현상을 지칭합니다. 기온, 바람, 구름, 비, 눈 같은 대기 상태를 말하며 날씨와 같은 뜻으로 생각하면 됩니다. 기후는 일정한 지역에서 여러 해에 걸쳐 나타나는 평균 상태의 대기를 말합니다. 일반적으로 30년 이상 관측한 결과를 바탕으로 건조 기후, 해양성 기후 같은 말로 표현합니다.

기상 현상이나 기후에 대해 이해하려면 먼저 지구에서의 에너지 이동에 대해 알아야 합니다. 왜냐하면 지구 표면의 온도 유지는 에너지 이동과 관련이 있으며, 지구에서의 에너지 이동은 대기와 해수의 순환과 맞닿아 있기 때문입니다.

지구는 둥근 형태입니다. 그래서 태양으로부터 오는 복사 에너지를 단위 면적당 받는 양으로 비교해 보면 대략 위도 30°를 기준으로 저위도 지역이 고위도 지역보다 더 많습니다. 그러면 저위도 지역은 에너지가 넘쳐서 온도가 계속 상승하고, 고위도 지역은 에너지가 부족하여 온도가 계속

하강할까요? 다행히 지구 표면의 온도는 저위도와 고위도 지역에서 거의 일정하게 유지되고 있습니다. 대기 대순환과 해수의 순환이 일어나 저위도 의 에너지가 고위도로 전달되어 에너지 불균형이 해소되기 때문입니다.

대기 대순환은 저위도 지역의 따뜻한 공기가 상승하여 고위도로 이동 하고, 고위도의 차가운 공기가 하강하여 저위도 지역으로 이동하여 이루 어집니다. 이때 지구의 자전으로 인해 공기의 흐름이 북반구와 남반구 각 각에 저위도, 중위도, 고위도 지역에 3개의 순환으로 나타납니다. 순환은 저위도의 남는 에너지가 고위도로 운반되는 결과를 가져옵니다. 대기 대 순환은 지표면 근처에서 부는 바람의 방향을 결정하기도 합니다. 적도에 서 $30°$ 지역에는 무역풍이 불고, $30{\sim}60°$에서는 편서풍이, $60{\sim}90°$에서는 극동풍이 불게 하는 것이 대기 대순환이라고 할 수 있습니다.

해수도 대기 대순환의 영향으로 일정한 패턴을 보여줍니다. 대기 대순 환으로 위도에 따라 연중 일정한 바람이 불고 이 바람이 해수에 영향을 미쳐 해수의 표면에서 일정한 방 향으로 흐르는 해류가 만들어지 지요. 무역풍은 저위도 지역 해수 의 흐름을 서쪽으로 옮기고, 편서 풍은 중위도 지역의 해수를 동쪽 으로 이동시킵니다.

그런데 해류의 흐름에 변수가 또 하나 있습니다. 대륙의 분포와 지구 자전이 그것입니다. 동서 방 향으로 이동하던 해수는 대륙 근 처에서 휘어져 남북 방향으로 이

**대기 순환에 따른 바람의 변화**

동하며 전체적으로 원형을 그리며 순환하는데, 이를 표층 순환이라고 합니다. 해수의 순환도 대기 대순환과 마찬가지로 에너지를 저위도에서 고위도로 이동시키는 역할을 합니다. 대기와 해수의 순환은 지역마다 다양한 기상 현상을 일으키고, 오랜 시간에 걸친 기상 현상은 기후로 나타납니다.

## 엘니뇨와 사막화에 주목하는 이유

엘니뇨와 사막화는 어느덧 익숙한 단어가 되어버렸습니다. 이 둘은 머릿속에서 부정적인 이미지의 이상 기후로 떠오를 것입니다. 그런데 도대체 엘니뇨는 무엇을 말하는 것일까요? 원래 엘니뇨(El Niño)는 스페인어로 남자아이라는 뜻입니다. 엘니뇨 현상이 크리스마스 직후에 나타난다고 해서 아기 예수라는 별칭을 갖게 되었습니다. 엘니뇨는 어떤 점에서 이상 기후라고 하는 걸까요?

평상시 태평양의 적도 부근에서는 무역풍의 영향으로 동쪽의 따뜻한 표층 해수가 서쪽으로 흘러 서태평양의 수온이 동태평양보다 높습니다. 이 때문에 서태평양은 공기 상승이 활발하여 비가 많이 내리고 동태평양 지역은 수온이 낮아 맑고 건조한 날씨가 나타납니다. 동태평양의 표층 해수가 이동한 빈 자리로 깊은 곳의 해수가 올라와 좋은 어장이 형성됩니다. 이런 모습에서 많이 벗어난 현상이 바로 엘니뇨입니다.

엘니뇨는 몇 년 주기로 불규칙하게 발생하곤 합니다. 엘니뇨가 발생하는 이유는 몇 년에 한 번씩 무역풍이 약해져 서쪽으로 이동하던 따뜻한 해수의 흐름이 약해지고, 적도 부근의 해수층이 동쪽으로 이동하여 동태

**평상시와 엘니뇨 발생 시의 기류와 해수의 변화**
엘니뇨가 발생하면 동태평양은 폭우에, 서태평양은 가뭄과 산불에 시달린다.

평양의 표층 수온이 높아지기 때문입니다.

동태평양의 수온이 따뜻해지면 상승 기류가 형성되고 많은 비가 내려 폭우나 홍수가 일어납니다. 동시에 심해에서 올라오던 해수가 줄어들면서 어획량이 감소하고, 수중 생태계가 이전과 달라집니다. 이때 서태평양의 오스트레일리아나 인도네시아 등에서는 가뭄이 생기고 평소보다 기온이 내려갑니다. 평상시와 완전히 반대되는 현상이 일어나는 셈입니다.

엘니뇨는 규모에 따라 기상 이변 정도가 다를 수 있습니다. 작은 규모의 엘니뇨는 남태평양 주변의 일부 지역에만 영향을 미치지만, 큰 규모의 엘니뇨는 우리나라에까지 영향을 미칩니다.

엘니뇨는 해수면 온도가 평소에 비해 0.5℃ 이상 높은 상태가 5개월 이상 지속되는 현상을 말하기도 합니다. 이렇듯 엘니뇨는 평상시와 다른 기상 이변을 일으켜서 생물 개체 수 변화, 농작물 피해, 어획량 감소, 잦은 산불 발생 등이 일어나게 합니다. 문제는 이러한 엘니뇨의 주기와 규모(세기)에 지구 온난화가 영향을 미칠 수 있다는 점입니다.

엘니뇨와 정확히 반대되는 현상도 있는데, 이를 라니냐(La Niña)라고 합니다. 엘니뇨가 스페인어로 남자아이에서 비롯된 것처럼, 라니냐는 여자아이라는 단어에서 따왔습니다. 라니냐는 엘니뇨와 반대로 무역풍이 강해지면서 동쪽에서 서쪽으로 이동하는 따뜻한 해수의 흐름이 강해지는 현상입니다. 이 때문에 동태평양 연안의 표층 수온은 낮아지고 인근 지역은 더욱 건조해지고 가뭄이 발생합니다. 반면에 서태평양에는 강수량이 증가합니다.

엘니뇨나 라니냐뿐만 아니라 사막화 문제도 걱정거리입니다. 건조한 기후가 장기간 계속되면서 토지가 황폐해지는 것을 사막화라고 합니다. 지도를 펴서 사막이 분포하는 곳이 어디인가 들여다보면 대체로 위도 $30^\circ$ 부근인 것을 알 수 있습니다. 아프리카의 사하라 사막, 중앙아시아의 고비 사막이 대표적이지요.

왜 이 지역에 사막이 많이 분포할까요? 그 이유를 대기 대순환에서 찾을 수 있습니다. 대기 대순환이 사막의 형성에 영향을 미친다는 의미입니다. 위도 $30^\circ$ 부근에서 대기 대순환의 하강 기류로 고기압이 형성되면서 물방울의 모임인 구름이 잘 형성되지 않는 맑고 건조한 날씨가 지속되기 때문에 이 지역에 사막이 많이 분포하는 것입니다.

문제는 사막 면적이 계속 확대되고 있다는 점인데, 이는 사막 주변의 초원 지대가 점점 사막으로 변하고 있기 때문에 발생합니다. 삼림을 벌채하고 그 땅에 과도하게 경작을 한다거나, 가축을 과잉으로 방목하는 등 부적절한 인간 활동이 원인이 되어 사막화에 속도를 더하고 있습니다.

숲이 사라진 상황을 생각해 봅시다. 숲이 사라지면 태양 에너지를 더 많이 반사해서 그 지역의 지표는 냉각되고 주변에 하강 기류가 생길 것입니다. 그러면 지표는 더욱 건조해져 사막화가 일어납니다.

사막화를 더욱 부채질하는 것은 지구 온난화입니다. 최근 지구 온난화로 인한 기상 이변이나 가뭄 발생이 더해지면서 사막화가 가속되고 있습니다. 사막화 지역에서는 농작물 생산량이 줄어들고 물이 부족해져 사람이 살기 어려워집니다. 세계 인구의 30% 정도가 이런 지역에 살고 있으며, 현재 육지의 40% 이상이 반건조 또는 건조 지역이라고 합니다.

이는 전 지구적인 문제입니다. 이 때문에 유엔은 사막화 방지 협약(UNCCD)을 체결하여 사막화 방지를 위한 공동의 노력을 기울이고 있습니다.

## 지구 온난화, 태풍에 힘을 더하다

2018년 8월 한반도에 상륙한 제19호 태풍 솔릭은 여느 태풍들보다 이동 속도가 느렸다고 합니다. 8월 23일에는 시속 4~8km로 이동하기도 했습니다. 보통 한반도와 일본을 지나가는 태풍의 이동 속도가 시속 20km를 웃돌았음을 생각하면, 매우 느린 태풍이었습니다. 태풍이 천천히 이동하면 비를 많이 내리고 강풍을 일으키는 시간이 길어지기 때문에 파괴력이 커질 수 있습니다.

최근 기상학자들의 분석에 따르면 전 세계에서 태풍의 이동 속도가 느려지고 있다고 합니다. 미국 국가환경정보센터(NCEI)에서는 1949년부터 2016년까지 68년간 7885건의 자료를 분석한 결과 전 세계에서 발생하는 태풍의 평균 이동 속도가 10% 이상 감소했다고 밝혔습니다.

그 원인으로 지구 온난화가 지목되고 있습니다. 지구 온난화로 해수면의 온도가 상승하면 증발되는 수증기의 양이 증가하고, 수증기 양이 많아지면 그만큼 태풍 강도가 세집니다. 100년 동안 해수 온도는 평균 1℃

정도 상승했는데 수온이 1℃ 오르면 대기 중의 습도가 7~10% 정도 증가한다고 합니다. 수증기의 양이 많아지면 더 거대한 구름을 만들고 폭우를 일으키기 쉬울 것입니다.

최근 기상학자들의 연구에 따르면 지구 온난화로 인해 21세기 말(2075~2100년)에는 수온이 1.3℃ 정도 상승한다고 합니다. 미래의 태풍은 지금보다 더 강해지리라고 예상할 수 있는 대목입니다.

설상가상으로 강도가 커진 태풍이 이동 속도마저 느려지고 있으니 그 또한 걱정거리입니다. 우리나라를 비롯한 북서태평양 지역으로 불어오는 태풍은 적도 부근에서 발생합니다. 그런데 최근 지구 온난화로 인해 태양에너지를 많이 받는 적도 부근과 북서태평양 지역의 에너지 차이가 줄어들어 그만큼 태풍의 이동 속도가 느려졌습니다.

에너지 차가 줄어들면 두 지역의 기압차가 줄어듭니다. 바람의 세기는 두 지역의 기압차가 클수록 강해집니다. 그러므로 기압 차의 감소가 태풍의 이동 속도를 느리게 만든 것입니다.

우리나라는 그동안 일본보다는 태풍 피해가 적은 편이었습니다. 우리 해역의 해수 온도는 여름 기준 25℃ 미만으로 비교적 낮은 편이었습니다. 태풍이 한반도로 접근하면 낮은 해수 온도로 인해 수증기를 공급받지 못해 약해지게 됩니다. 여기에 강한 편서풍인 제트 기류가 한반도 상공에 자리 잡고 비교적 빠르게 지나갔습니다.

그런데 이제는 상대적으로 안전했던 과거 같은 상황이 지속되지 못할 것으로 보입니다. 지구 온난화로 한반도 연안의 해수 온도가 여름 기준 28~29℃로 상승했고, 극지방의 온도 상승으로 한반도 상공과의 온도 차가 줄어들었으며, 이로 인해 제트 기류마저 약해져 대기 흐름이 정체되었기 때문입니다. 앞으로 더 느리고 강한 태풍을 예상할 수밖에 없습니다.

마치 누군가가 악보의 라르고(Largo, 매우 느리게)를 태풍에 걸어놓은 것처럼 말입니다.

## 기후 변화로 예측하는 미래 시나리오

전 세계적인 기후 변화는 지구 환경을 바꾸고 이에 따라 우리 삶의 모습도 달라질 것입니다. 이는 누구나 동의하는 점입니다. 자연적인 원인은 그렇다 치더라도 인간 활동에 의한 원인 제공은 더 큰 문제입니다. 인간 활동에 의한 기후 변화는 놀랍게도 1950년대부터 인지되었고, 당시부터 대책을 논의했습니다.

1956년에 미국은 하와이 마우나로아에서 탄소 배출량과 그 효과를 측정하는 마우나로아 이산화 탄소 프로그램을 실시했습니다. 1961년에는 케네디 정부에서 지구 온난화에 관한 선도적인 과학자가 보좌관으로 일하기도 했습니다. 그럼에도 여전히 지구 온난화는 현재 진행형입니다. 왜냐하면 기후 변화에 대한 국가들의 대책과 노력이 엇박자를 내기도 했기 때문입니다.

1979년 제네바에서 열린 제1회 세계 기후 회의를 시작으로 국제 사회는 탄소 배출량 감소를 위한 대책 마련에 들어가 2005년까지 탄소 배출량을 20% 감축해 동결하자는 데 합의를 이루었습니다. 그러나 실천하지 않았지요. 만일 합의대로 실천했다면 지구 온도는 1.5℃ 상승하는 데 멈췄을지도 모릅니다. 이후로도 엇박자는 계속되고 있습니다. 미국의 경우 온실 가스를 줄이기 위한 국제 사회의 노력으로 2015년에 맺은 파리 기후 변화 협약에서 2017년에 탈퇴하기도 했습니다.

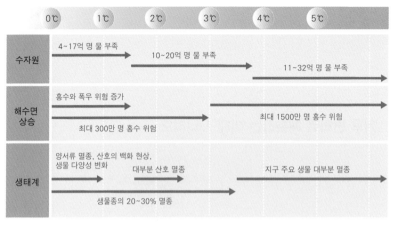

| | 0℃ | 1℃ | 2℃ | 3℃ | 4℃ | 5℃ |

**수자원**
4~17억 명 물 부족
10~20억 명 물 부족
11~32억 명 물 부족

**해수면 상승**
홍수와 폭우 위험 증가
최대 300만 명 홍수 위험
최대 1500만 명 홍수 위험

**생태계**
양서류 멸종, 산호의 백화 현상, 생물 다양성 변화
대부분 산호 멸종
지구 주요 생물 대부분 멸종
생물종의 20~30% 멸종

출처 : 「IPCC 보고서」(2007)

지구 온도가 상승할 때 벌어지는 일

산업혁명 이후로 이미 지구 온도는 1℃ 상승했고 이런 추세라면 4~5℃ 오른 후 안정화될 것으로 보고 있습니다. 5℃가 오르면 인류 문명의 종식이 기다리고 있으니, 여기서 말하는 안정화에 인류란 없을 것입니다.

우리는 기후 변화를 막을 기회를 영원히 잃어버린 것일까요? 기후 변화의 원인이 인간 활동에 의한 것이기에 막을 수도 있고 그렇지 못할 수도 있습니다. 문제는 실천입니다.

지금은 어떤가요? 기후 변화를 가장 활발하게 논의하는 기구 중 하나는 유엔 산하의 '기후 변화에 관한 정부 간 협의체(IPCC)'입니다. IPCC는 인간 활동에 의한 기후 변화의 위험을 평가하고자 1988년에 설립한 국제 기구로 기후 변화에 대한 연구 보고서를 발간하고 있습니다. 일찍이 2007년에 발간한 IPCC 보고서는 2020년대에는 온도가 지금보다 1℃ 상승할 것으로 예측하였고, 온도가 1℃ 상승할 때마다 벌어질 시나리오를 내놓았습니다.

현대 경제 발전의 근간인 에너지 생산에 획기적인 변혁이 없다면 이산화 탄소 배출량을 줄이는 데는 한계가 있을 것입니다. 이산화 탄소로 대표되는 지구 온난화 문제는 국제적인 노력 없이는 해결이 불가능합니다. 왜냐하면 지구 온난화 문제는 전 지구적인 문제이기 때문입니다.

물론 출발은 탄소 사용량을 줄이기 위한 개인 차원의 노력과 의식 변화일 것입니다. 우리 개개인은 태양 전지나 태양열, 지열, 풍력 등과 같이 탄소 배출을 줄일 수 있는 지속 가능한 에너지 사용을 선택하고 실천하는 노력을 기울여야 할 것입니다.

## 프로젝트 하기

### 제작 활동  기후 변화 대응을 위한 생활 수칙 홍보 자료 만들기

1. 한반도의 기후 변화로 우리의 생활이 어떻게 달라질지 조사해 보자.

2. 우리나라에서 기후 변화에 적응할 수 있는 방안을 찾아보고 어떤 노력을 기울여야 하는지 제안해 보자.

3. 기후 변화에 대응하기 위하여 일상생활에서 실천할 수 있는 방안을 찾아 목록화하고, 이를 홍보할 수 있는 포스터나 UCC 등 홍보 영상을 제작해 보자.

# 4 미래를 생각하는 에너지 사용법

❗ 에너지 종류, 에너지 전환, 에너지 보존, 열효율, 친환경 제로 하우스

아침에 일어나 등교하고 교실에 들어가기까지의 과정은 아마 다들 비슷할 것입니다. 일어나서 머리를 감고 식사를 한 후에, 버스나 전철을 타고 학교에 도착하여 교실까지 걸어가겠지요. 머리를 말리는 데 헤어드라이어를 쓰느라 전기 에너지를 사용했을 것이고, 내가 탄 버스는 화석 연료에서 발생한 에너지를 이용했을 것이며, 교실에 걸어가기 위해 섭취한 양분으로부터 얻은 화학 에너지를 이용했을 것입니다. 이처럼 우리는 에너지와 떼려야 뗄 수 없는 삶을 살아가고 있습니다.

우리가 일상생활에서 소비하는 에너지의 대부분은 화석 연료에서 얻고 있습니다. '화석 연료＝이산화 탄소 배출'이라는 생각이 머릿속에 항상 존재하기 때문에 에너지 소비는 기후 변화와 같은 환경 문제를 떠올리게 합니다.

인류 사회는 기후 변화 문제를 생각할 때마다 에너지를 소비하는 과정

이 과연 지구에 어떤 영향을 미칠지를 함께 고민해야 합니다. 그리고 우리에게 친숙한 에너지가 정확히 무엇인지를 아는 것이 중요합니다.

과학에서 에너지란 일을 할 수 있는 능력을 말합니다. 과학에서는 물체에 힘이 작용하여 물체가 힘의 방향으로 이동할 때 일(work)을 한다고 합니다. 책을 읽는 것과 같은 정신적인 활동은 일을 했다고 하지 않지요. 에너지가 있다는 것은 물체를 움직이거나 상태를 변화시킬 수 있음을 의미합니다.

에너지는 다양한 형태로 우리 주변에 존재하는데, 이를 형태나 특성에 따라 구분할 수 있습니다. 운동 에너지, 위치 에너지, 열에너지, 화학 에너지, 전기 에너지, 빛에너지, 소리 에너지, 핵 에너지, 역학적 에너지 등 다양한 에너지가 있습니다.

| 운동 에너지 | 위치 에너지 | 열에너지 | 화학 에너지 |
|---|---|---|---|
| 운동하는 물체가 가지는 에너지 | 물체가 위치에 따라 잠재적으로 가지는 에너지 | 물체 사이에서 이동하여 온도와 상태를 변하게 하는 에너지 | 화학 결합에 의해 물질 속에 저장되어 있는 에너지 |
| 전기 에너지 | 빛에너지 | 소리 에너지 | 핵 에너지 |
| 전류의 흐름에 의해 발생하는 에너지 | 빛이 가지고 있는 에너지 | 공기와 같은 물질의 진동에 의해 전달되는 에너지 | 원자핵이 분열하거나 서로 융합할 때 발생하는 에너지 |

다양한 에너지의 종류

## 에너지는 없어지지 않는다, 다만 변할 뿐이다

다양한 에너지를 들여다보면 한 형태의 에너지가 다른 형태의 에너지로 전환되고 있음을 알 수 있습니다. 우리에게 친숙한 휴대전화를 예로 들어봅시다. 휴대전화를 충전할 때는 전기 에너지를 이용합니다. 전기 에너지는 화학 에너지 형태로 배터리에 저장됩니다. 배터리의 화학 에너지는 다시 전기 에너지로 전환되어 휴대전화에 이용됩니다. 휴대전화의 화면을 켤 때 전기 에너지는 빛에너지로 전환됩니다. 스피커를 통해 흘러나오는 상대방의 통화 목소리나 음악 소리는 전기 에너지가 소리 에너지로 전환된 것입니다.

에너지 전환은 자연에서도 쉽게 찾아볼 수 있습니다. 태양의 빛에너지를 이용하여 포도당이라는 화학 에너지로 전환하는 광합성이나 반딧불이가 화학 에너지를 빛에너지로 전환하는 것이 대표적인 예입니다.

여기에서 궁금증이 하나 생깁니다. 휴대전화의 배터리가 가진 에너지가 전기 에너지로 바뀌고 그 전기 에너지가 다시 다양한 에너지로 전환될 때, 원래 있던 휴대전화 배터리의 에너지 양과 전환된 다양한 형태의 에너지가 가진 양의 총합은 어떻게 변할까요? 결론부터 말하면 전환된 에너지를 모두 합하면 공급받은 에너지 양과 같습니다.

다시 말해 에너지는 변신만 할 뿐, 새로 생기거나 없어지지 않고 양이 항상 일정하게 유지되는 것입니다. 이와 같이 에너지가 전환될 때 전환되기 전의 에너지 총량은 전환된 후의 에너지 총량과 동일하게 유지되는 것을 에너지 보존 법칙이라고 합니다.

에너지가 보존된다는데, 그렇다면 우리는 왜 에너지를 절약하자고 하는 걸까요? 휴대전화를 오래 사용하다 보면 전기 에너지가 열에너지로

### 롤러코스터에서 알아보는 위치 에너지와 운동 에너지

위치 에너지, 다른 말로 포텐셜 에너지(Potential Energy)란 물체가 특정한 위치에서 잠재적으로 가지고 있는 에너지이다. 포텐셜(potential)의 사전적 의미는 '잠재적인'이라는 뜻이다. 흔히 위치 에너지는 높은 곳에 있는 물체가 가지는 에너지라고 한다. 예를 들어 123층 빌딩의 꼭대기 층에 어떤 물체가 있을 때와 2층에 있을 때를 비교해 보면 123층에 있는 물체의 위치 에너지가 크다.

사전적 의미에서 알 수 있듯이 우리가 느낄 수 있는 에너지 형태는 아니지만 123층에서 물체를 떨어뜨렸을 때의 위력을 생각해 보면 잠재적인 능력이 있다고 할 수 있을 것이다. 위치 에너지는 위치에 따라 결정되는 에너지인 셈이다.

놀이동산의 롤러코스터가 가장 높은 곳에 있을 때 위치 에너지가 가장 크고, 점점 아래로 내려오면 위치 에너지는 줄어든다. 이때 위치 에너지는 줄어들지만 물체가 가지는 운동 에너지는 증가한다. 그래서 짜릿한 속도감을 느끼는 것이다. 위치 에너지와 운동 에너지를 합한 에너지로 역학적 에너지라는 말을 쓰는데, 역학적 에너지는 어느 위치에 있든지 그 값이 같으며 공식으로 나타내면 다음과 같다.

**역학적 에너지 = 위치 에너지 + 운동 에너지**

전환되면서 휴대전화가 뜨거워지지요. 이렇게 열에너지로 전환된 에너지는 다시 사용하기 어렵습니다. 이런 예는 얼마든지 찾아볼 수 있습니다.

자동차 운전을 생각해 봅시다. 일반적으로 자동차가 운행할 때 휘발유가 가진 화학 에너지 중 약 20% 정도만이 자동차를 움직이는 데 필요한 동력 전환 장치로 이동하여 운동 에너지로 이용됩니다. 나머지는 배기 가스에 포함된 열에너지, 그리고 자동차가 달리면서 도로와의 마찰 등으로 버려지는 열에너지로 바뀝니다. 모두 사용할 수 없는 에너지로 전환된 것입니다. 에너지 절약이나 효율을 강조하는 이유는 이렇듯 에너지가 여러 단계의 전환 과정을 거치면서 다시 사용하기 어려운 형태의 에너지로 전환되기 때문입니다.

## 에너지 효율을 올리려는 노력들

열에너지를 우리 생활에 직접 이용한 예로 가스레인지로 물 끓이기가 있습니다. 가스레인지에서 공급된 열에너지는 주전자에 전달되어 물을 끓입니다. 여기서 정확히 비율은 몰라도, 가스레인지에서 공급되는 열에너지가 전부 물을 끓이는 데 사용되지는 않을 것이라고 짐작할 수 있을 겁니다. 연소 과정에서 공급하는 에너지의 일부가 주위로 흩어져버리기 때문입니다.

어느 연구에 따르면 물체의 온도 상승에 사용된 열에너지는 약 35% 정도고, 나머지 65%는 주위로 흩어진다고 합니다. 공급한 에너지 중 실제로 물을 끓이는 데 사용된 에너지의 비율을 에너지 효율이라고 하는데 가스레인지의 에너지 효율은 35% 정도인 셈입니다.

화석 연료가 연소할 때 발생하는 열에너지를 사용하여 동력을 얻는 경우도 있습니다. 자동차나 선박, 화력 발전, 로켓 등에 이용하는 엔진이 바로 그런 경우입니다. 이렇게 화석 연료를 연소시켜 발생하는 열에너지를 역학적 에너지로 전환하는 장치를 열기관이라고 합니다.

열기관은 공급된 열에너지의 일부만 일을 할 수 있는 역학적 에너지로 전환하고 나머지는 사용할 수 없는 열에너지 형태로 방출합니다. 이때 공급된 열을 일로 바꾸는 비율을 열효율($e$)이라고 합니다. 즉, 열효율은 열기관에 공급된 열에너지($Q_1$) 중에서 어느 정도를 역학적인 일($W$)로 이용하고 열을 방출($Q_2$)하는가를 의미하며, 열기관의 효율성을 알 수 있는 지표라 할 수 있습니다.

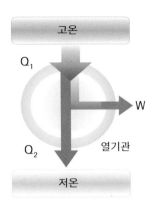

**열기관의 원리**
열기관은 고온에서 저온으로 이동하는 열에너지의 일부를 이용하여 역학적인 일을 한다.

이번에는 열효율을 수학적으로 생각해 봅시다. 에너지 보존 법칙을 생각해 보면, 공급된 열에너지의 양($Q_1$)은 실제로 일을 한 양($W$)과 방출된 열에너지의 양($Q_2$)의 합과 같아야 합니다. 즉, $Q_1 = W + Q_2$의 등식이 성립합니다. 열효율($e$)은 공급받은 열에너지 중 얼마나 일을 했는가를 나타내므로 다음과 같이 정리할 수 있습니다.

$$\text{열효율} = \frac{\text{외부에 한일}(W)}{\text{공급받은 열}(Q_1)} = \frac{(Q_1 - Q_2)}{Q_1} = 1 - \frac{Q_2}{Q_1}$$

실제로 열효율을 구해볼까요? 어떤 열기관에 10,000J[4]의 열에너지를 공급했을 때 3,000J의 일을 한다면 열효율은 3,000/10,000=0.3 정도입니다. 자동차 엔진의 열효율이 대체로 0.3 정도인데 실제로는 더 낮을 것입니다. 이는 엔진의 열효율이 0.3이라는 뜻이지 자동차의 효율은 아니기 때문입니다. 실제로 자동차를 운행할 때는 부품 사이의 마찰열, 도로 바

---

4   J(줄, Joule)은 일과 에너지의 단위다.

닥과의 마찰열과 같이 흩어지는 에너지가 발생하므로 화석 연료가 가진 에너지의 약 20% 정도만이 실제 바퀴를 움직이는 데 사용됩니다.

열효율이 낮을수록 동일한 거리를 가더라도 화석 연료를 더 많이 사용하므로 이산화 탄소를 더 많이 배출합니다. 승용차는 대체로 소형 승용차가 중·대형 승용차보다 열효율이 높습니다. 소형 승용차를 더 많이 탈수록 상대적으로 화석 연료를 절약하고 이산화 탄소 배출도 줄일 수 있다는 뜻입니다. 그러므로 환경 문제를 해결하는 데에도 조금이나마 도움이 될 것입니다.

자동차 업계는 에너지 효율을 높이기 위해 경쟁적으로 많은 노력들을 기울이고 있습니다. 에너지 열효율을 높인 자동차로 하이브리드 자동차를 꼽을 수 있습니다. 하이브리드 자동차는 열에너지를 사용하는 엔진과 더불어 운행 중 버려지는 에너지를 전기 에너지로 전환하여 전기 배터리를 충전하고 전기 배터리에 의한 전기 모터를 함께 사용하는 시스템입니다. 화석 연료만 사용하는 자동차보다 에너지 효율이 높으므로 이산화 탄소 배출량 감축 효과를 거둘 수 있습니다. 정부도 이를 권장하는 차원에서 공영 주차장 요금의 50%를 할인해 주는 등 혜택을 제공하지요.

일상생활에서 에너지 효율을 높이는 제품들도 많이 있습니다. 대표적인 예 중의 하나가 조명 기구입니다. 최근 오랫동안 사용해 온 백열등이 발광 다이오드, 즉 LED등으로 교체되고 있지요.

백열등은 영국의 과학자 조셉 스완(Joseph Swan)이 발명하고 미국의 발명왕 토머스 에디슨이 개량하여 전 세계가 널리 사용해 왔습니다. 그런데 백열등은 공급된 에너지의 대부분인 95% 정도가 필라멘트에서 발생하는 열에너지로 전환되고 실제 빛을 밝히는 데는 5% 정도만이 이용될 뿐입니다. 에너지 효율이 매우 낮지요. 형광등은 백열등보다 높은 40% 정도의 에너지 효율을 보입니다. 그러나 최근에 가정용 조명 기구로 각광을 받고 있는 LED등은 에너지 효율이 90%에 이릅니다.

에너지 효율이 높다면 그만큼 에너지를 절약할 수 있는 셈입니다. 우리나라에서는 에너지 절약을 유도하기 위해 에너지 소비효율 등급 표시, 대기 전력 저감 우수 제품의 에너지 절약 표시 등 다양한 제도를 운영하고 있습니다.

에너지 효율을 개선하기 위해서는 사실 사회적 합의가 필요합니다. 에너지 효율이 높은 제품들은 개발 초기 단계에 있는 경우가 많고, 초기 부품의 희귀성 등 여러 가지 이유로 기존 제품보다 가격이 비싼 경우가 많습니다. 그러므로 미래 환경 개선 차원에서 소비자들의 구매 의욕을 높일 수 있는 다양한 제도적 장치가 뒷받침되어야 합니다. 이를 위한 노력은 전 세계적으로 확대되는 추세에 있습니다.

유럽연합(EU)의 경우 에너지 효율 등급에 따라 제품을 구매할 때 보조금과 세제 혜택을 주고 있습니다. 소비자들에게도 환경 라벨을 붙인 제품들이 인기를 끌고 있다고 합니다. 잘 알려진 라벨로는 유럽연합 에코라벨, 푸른 천사(독일), 백조 마크(덴마크, 스웨덴) 등이 있습니다. 일본의 경우 친환경 전자 제품 보급을 위해 포인트를 지급해 주는 에코포인트 제도가 잘 알려져 있습니다. 절전 기능이 있는 에어컨, 텔레비전, 냉장고 등을 구입할 때 정부에서 포인트를 지급하는 제도입니다.

우리나라에도 하이브리드 자동차나 전기 자동차와 같은 친환경 자동차 구매 시 일정액을 지원해 주는 제도와 탄소포인트 제도가 있습니다. 탄소포인트제는 환경부, 한국환경공단, 지방자치단체에서 실시하는 제도입니다. 전기, 수도, 가스 등의 에너지 항목별로 과거 2년간 월평균 사용량과 현재 사용량을 비교하여 절감 비율에 따라 탄소포인트를 제공합니다. 누적된 탄소포인트는 현금, 상품권, 쓰레기 종량제 봉투 등으로 보상받을 수 있습니다. 개인은 물론 아파트 단지, 학교 등 단체도 여기에 가입할 수 있습니다.

이러한 제도는 세금을 이용한 보상이기 때문에 사회적 합의와 노력이 필요합니다. 사회적 공감대가 형성되지 않으면 제도 자체를 시행할 수 없을 테니까요.


## 에너지를 자급자족하는 집이 있다?

우리가 집에서 사용하는 에너지는 대부분 화석 연료로부터 얻습니다. 그렇다면 화석 연료 사용을 최대한 줄이거나 아예 사용하지 않는 건물을 짓는 것은 가능할까요? 이런 시도 중의 하나가 에너지 제로 하우스입니다. 에너지 제로 하우스란 외부에서 에너지를 공급받지 않아도 생활이 가능한 에너지 자립 건물을 말합니다.

에너지 제로 하우스 실현을 위해 전 세계는 많은 노력을 기울이고 있습니다. 유럽연합은 2019년부터 지어지는 모든 건물들을 대상으로, 건물 내에서 소비하는 에너지보다 더 많은 에너지를 생산하도록 규정하고 있습니다. 다시 말해 모든 신축 건물을 대상으로 에너지 제로 하우스를 의무화한 셈입니다. 우리나라도 앞으로 몇 년 안에 모든 건축물에 에너지 제로 인증을 받도록 할 방침이라고 합니다.

2017년에 서울 노원구 하계동에 독특한 아파트 단지가 들어섰습니다. 친환경 에너지 제로 주택인 '노원 이지(EZ, Energy Zero) 하우스'입니다. 국내 최초로 에너지 자급자족을 목표로 내세운 공동주택 단지입니다.

서울 노원구에 위치한 에너지 제로 하우스

　어떻게 에너지를 쓰지 않는 일이 가능할까요? 원리는 간단합니다. 일단 에너지 소비는 최소화하고, 필요한 에너지는 단지 내에 설치한 태양광 발전을 통해 직접 만들어 쓰는 것입니다. 에너지 제로 하우스에 능동형(액티브, active) 기술과 수동형(패시브, passive) 기술을 적용하여 화석 연료 같은 에너지 자원에 대한 의존도를 최대한 낮추는 것이 가장 큰 목표라 할 수 있습니다.

　능동형 기술은 태양광, 태양열, 풍력 등을 이용해 건물에서 전기를 생산하는 적극적인 기술을 말합니다. 노원구의 이지 하우스는 태양 전지판을 설치해서 전기를 생산하고 있습니다. 중앙 열회수 환기 장치를 설치하여 집 안에 찬바람을 들이고 뜨거운 바람은 내보내는 식으로 실내 공기를 순환하는 설비를 갖췄기 때문에, 2018년 여름철에 폭염이 맹위를 떨칠 때에도 에어컨 없이 실내 온도를 26℃ 수준으로 유지했습니다.

　수동형 기술은 단열 성능이 우수한 소재 사용, 건물 구조 변경 등을 통해 에너지 사용량을 줄이는 기술을 말합니다. 노원구의 이지 하우스에도 수동형 기술은 적용되어 있습니다. 건축 설계 단계부터 에너지 소비량을 61%가량 줄이는 것을 목표로 3중 유리창을 설치하는 등 단열을 대폭 강화해 건축했습니다.

에너지 제로 하우스의 외벽은 일반 아파트 같은 콘크리트가 아닌 두꺼운 단열재가 감싸고 있습니다. 콘크리트는 낮에 달궈졌다가 밤에 열을 내뿜는데, 단열재가 이러한 현상을 차단해 버린 것입니다.

에너지 제로 하우스라고 해서 전기를 함부로 쓰지는 않습니다. 집 안의 모든 난방이나 조명 등에서 에너지 사용량을 실시간으로 측정하여 사용 패턴에 맞도록 정돈할 필요가 있습니다. 서울시 건물들의 전력 에너지 사용량이 83%나 되는 현실을 감안하면 신축 건물에 에너지 제로 하우스를 도입하는 일은 매우 절실합니다. 기존 건축물도 그러한 방향으로 리모델링을 추진해야 할 것입니다.

**논술 활동** **가전제품 구매 결정의 개인적·사회적 의의에 대해 논술하기**

1. 우리 집에서 사용하는 가전제품에서 어떻게 에너지 전환이 일어나는지 조사해 보고, 그 가전제품의 에너지 소비효율 등급을 알아보자.

2. 가전제품을 구매할 때 에너지 소비효율을 확인한 뒤 구매 결정을 하는 행동에 담긴 개인적·사회적 의의를 1000자로 작성해 본다.

# 4장

# 신재생 에너지,
# 인류가 쏘아 올린 희망

전기 에너지는 어떻게 만들까?

전기 에너지는 어떤 과정을 거쳐 전달될까?

태양은 어떻게 에너지를 만들까?

화석 연료를 대체할 에너지 자원을 찾아라

신재생 에너지는 미래의 에너지가 될 수 있을까?

# 1 전기 에너지는 어떻게 만들까?

❓ 전자기 유도, 발전기, 에너지 전환, 화석 연료, 핵연료

유난히도 더웠던 2019년 여름. 찜통 더위라는 말과 함께 여름 내내 사람들의 입에 오르내리던 것이 전기 요금입니다. 하루 종일 에어컨을 가동하는 가정집이 많아지자 전기 요금이 걱정되었던 것입니다. 만일 그 더위에 전기가 없었다면 어떻게 되었을까요?

현대 문명은 전기 에너지 위에 세워졌다고 할 수 있을 만큼 우리 주변의 모든 것들이 전기 에너지로 작동하고 있습니다. 그런데 인류가 전기를 본격적으로 사용하기 시작한 것은 불과 120여 년 전입니다.

우리나라에도 비슷한 시기에 전기가 도입되었는데 최초로 전기를 사용한 것은 1887년 3월 경복궁에 전깃불을 밝힌 일입니다. 이후 전기회사들이 설립되었고 1961년에 3개의 전기회사들이 통합되어 한국전력주식회사가 출범하였습니다. 1965년에는 농어촌 전화(電化)사업을 통해 전국적으로 전기를 사용하는 시대가 시작되었지요.

# 위대한 과학자 마이클 패러데이

'아인슈타인이 평생 존경한 과학자', '영국인이 가장 사랑하는 과학자', '전자기학의 아버지' 이 중 한 가지 수식어만 가져도 부러울 게 없을 것 같은데, 이는 모두 한 사람을 지칭하는 말입니다. 주인공은 바로 마이클 패러데이(Michael Faraday)입니다.

패러데이의 유년시절은 여타의 과학자들과는 많이 달랐습니다. 가정 형편이 어려워 학교를 다니지 못하고 일찌감치 책 제본을 하는 서점에서 일하며 돈을 벌어야 했지요. 아주 기초적인 교육만 받은 패러데이는 제본으로 맡겨진 수많은 책을 읽고, 자신의 호기심을 해결하기 위해 끊임없이 노력했습니다.

그러던 어느 날, 서점을 방문한 손님이 패러데이의 실험 기록물을 보고 깊은 인상을 받아 왕립과학연구소[5]의 험프리 데이비(Humphry Davy) 강연 입장권 네 장을 선물했습니다. 데이비는 칼륨과 나트륨 원소를 발견했고 훗날 노벨 화학상을 수상한 화학자로, 당시 영국 최고의 유명 인사였습니다. 데이비와의 만남은 패러데이가 과학자의 길로 들어서는 데 커다란 영향을 주었습니다.

험프리 데이비의 강연을 계기로 그의 실험실 조수가 된 후, 오랜 시간 수많은 경험과 연구를 함께하면서 조금씩 명성을 쌓아가던 패러데이는 1820년 한스 외르스테드(Hans Ørsted)의 발견에 영향을 받아 자기로부터 전기를 발생시키는 현상을 찾기 위한 기나긴 실험을 시작합니다.

그로부터 10년 후 '패러데이 코일'을 이용해 밝혀낸, 자기로부터 전기

---

5  1800년 설립됐으며 실험 과학의 원리를 가르치고 응용하며 학자에게 연구 기회를 주고 대중에게 과학을 전파하는 것을 목적으로 한다. 로열 인스티튜션(The Royal Institution)이라고도 한다.

를 발생시키는 현상에 대한 실험 결과가 세상에 알려졌습니다. 1831년 11월 24일 왕립 학술원에서 전자기 유도의 발견에 대해 공식적으로 발표한 것입니다.

이 위대한 발견이 있게 한 패러데이 코일은 안쪽 지름이 약 15cm인 연철 고리의 양쪽에 코일이 감겨 있고 헝겊으로 둘둘 말려 있는 너덜너덜한 장비지만, 인류가 지금까지 만든 과학 기구 가운데 가장 중요한 장비 중 하나로 인정받고 있습니다.

패러데이는 정규 교육을 받지 못했기 때문에 수학을 잘하지 못했습니다. 그가 어려서부터 기록한 연구 노트는 관찰과 실험 결과를 글과 그림으로 기록한 것이며, 전자기 유도 법칙의 발견 또한 그러했습니다. 나이가 들어서는 젊은 천재 물리학자 제임스 맥스웰로부터 수학에 대한 도움을 받았고 우리가 알고 있는 형태의 전자기 유도 법칙을 완성한 사람은 올리버 헤비사이드(Oliver Heaviside)입니다.

당시 학계에서는 수학을 못한다는 이유로 패러데이를 저평가하기도 했지만 패러데이는 현재 모든 사람이 인정하는 위대한 실험가입니다. 훗날 영국 왕실은 그의 위대한 업적을 기리기 위해, 사후 웨스트민스터 사원에 뉴턴과 나란히 묻힐 수 있는 자격과 공작 작위 수여를 제안했습니다.

그러나 그는 모두 거절하고 한 가지 요청을 했습니다. 자신처럼 배우지 못한 사람들을 위해 과학 강연을 할 수 있게 해달라는 것이었습니다. 이 요청이 받아들여져 왕립 학회 주관의 '크리스마스 과학 강연'이 시작되었습니다. 이는 제1, 2차 세계대전 기간을 제외하고는 한 해도 거르지 않고 지금까지 이어져 전 세계로 퍼지면서 과학의 대중화에 크게 기여하고 있습니다.

## 전기 에너지는 어떻게 만들어질까? : 전자기 유도 법칙

1820년대에 덴마크 과학자 외르스테드에 의해 전류가 자기장을 발생시킨다는 사실이 알려진 이후로 많은 과학자들이 그 역(逆)을 생각하게 되었습니다. 즉, 자기 현상으로 전기 현상을 만들 수 있다고 생각한 것입니다. 외르스테드의 발견은 세기가 일정한 정상 전류가 일정한 자기장을 발생시킨다는 것이었기 때문에, 일정한 자기장이 정상 전류를 발생시킬 것이라는 관점에서 접근했지요.

그러나 기대한 결과를 얻지 못했습니다. 이후 패러데이와 요셉 헨리(Joseph Henry)가 수행한 여러 실험을 통해서 변하는 자기장에 의한 전류 발생 현상이 발견되었습니다.

코일 근처에 막대 자석이 정지해 있으면 자석에 의한 일정한 자기선속이 코일을 통과합니다. 이때 코일에는 아무런 변화가 생기지 않습니다. 그런데 코일 근처에서 자석을 위아래로 움직이면 코일을 통과하는 자기선속(총 자기력을 나타내는 물리량)이 변하고, 코일에 전류가 유도됩니다. 이 현상을 전자기 유도라고 합니다.

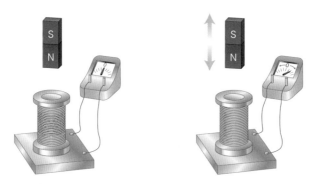

자석의 움직임에 따라 코일에 전류가 유도되는 전자기 유도 현상

LED가 연결된 코일에 자석을 빠르게 접근시키면 LED의 밝기가 더 밝게 변하는 것을 관찰할 수 있습니다. 자석을 빠르게 접근시킬수록 코일을 통과하는 자기선속의 변화가 커져 코일에 유도되는 전류의 세기가 커지기 때문입니다. 자석을 코일에서 멀리할 때에도 마찬가지로 전류가 유도됩니다. 이때 유도되는 전류의 방향은 접근시킬 때와 반대 방향입니다. 그리고 코일에 자석을 접근시키거나 멀리하는 빠르기뿐만 아니라 단위 길이당 코일을 감은 수가 많을수록 유도 전류의 세기가 커집니다.

이처럼 회로에 전원이 없는 경우에 자기선속의 변화에 의해 만들어지는 전류를 유도 전류라고 하며, 유도 전류를 흐르게 하는 원동력을 유도 기전력이라고 합니다. 패러데이는 유도 기전력의 세기가 단위 길이당 코일을 감은 수가 많을수록, 코일을 통과하는 자기선속의 시간 변화율이 클수록 크다는 것을 밝혀냈습니다. 이를 패러데이의 전자기 유도 법칙이라고 합니다.

발전기는 전자기 유도 현상을 이용하는 대표적인 장치입니다. 가장 간단한 구조의 발전기는 자석 사이에서 회전하는 도선 고리로 구성되어 있는데, 외부의 역학적 에너지를 이용해 도선 고리를 회전시키면 고리를 통과하는 자기선속이 변하면서 고리에 기전력이 유도되고 이 유도 기전력에 의해 유도 전류가 흐릅니다.

패러데이에 의해 전자기 유도 법칙이 발견되지 않았거나 발견이 늦어졌다면, 인류가 현재와 같은 문명을 이룰 수 있었을까요? 다른 누군가 발견했을 수도 있었겠지만, 그만큼 문명의 발전 속도

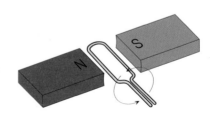

**발전기의 기본 구조**

는 더뎠을 것입니다. 지금 우리가 수십 년 전의 모습으로 살고 있었을 수도 있다고 생각하면 상상이 되나요? 한 사람의 과학자가 인류 전체에 얼마나 큰 영향을 줄 수 있는지, 새삼 놀랍습니다.

## 발전소에서 전기를 만드는 과정

대규모로 전력을 생산하는 발전소의 발전기에서는 코일 대신 자석이 회전합니다. 이 자석을 회전시킬 때에는 거대한 터빈을 이용하지요. 터빈과 연결되어 있는 발전기의 자석은 터빈과 같이 회전하여 코일에 전류가 흐르게 합니다.

그렇다면 터빈은 어떻게 회전시킬까요? 발전기의 터빈을 회전시키는 데 필요한 에너지는 다양한 방법으로 얻습니다. 석탄, 석유, 천연가스 등 화석 연료를 이용하면 화력 발전, 우라늄을 사용하여 에너지를 얻으면 핵발전, 높은 곳에 있는 물이 갖는 위치 에너지를 이용하면 수력 발전입니다.

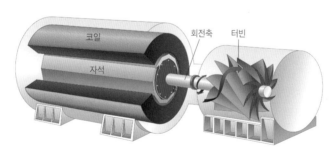

터빈으로 자석을 회전시켜 전기를 만드는 발전기

**잠깐! 더 배워봅시다**

## 토륨, 핵발전의 한계를 극복하다

핵발전의 문제점은 후쿠시마 핵발전소 사고처럼 핵발전소에 사고가 일어났을 때 전력 공급이 끊겨 원자로 제어가 불가능하고 핵분열을 멈출 수 없다는 것이다. 그렇다면 사고가 발생했을 때 핵분열이 자동으로 멈추게 하는 핵발전을 이용하면 어떨까?

핵연료로 우라늄 대신 토륨을 이용하는 것이 그러한 경우다. 토륨은 우라늄과 달리 핵분열 반응을 연쇄적으로 일으키지 않기 때문에, 지진이나 쓰나미로 전기가 차단되면 핵분열을 자동으로 멈춘다. 또한 핵분열 후 방사성 폐기물도 거의 나오지 않아 사용 후 핵연료 처리 문제도 우라늄보다는 수월하다. 매장량도 우라늄보다 4배나 많고, 효율도 현재의 원자로에 비해 수십 배 이상 높다.

토륨이 풍부하게 매장되어 있는 인도는 2016년 토륨 핵발전소 건설에 착수했고, 중국도 연구소를 세우고 2024년까지 토륨 핵발전소 개발을 목표로 연구하고 있다. 빌 게이츠도 2010년 테라파워를 설립해 토륨 원자로를 개발 중이다. 현재 우리나라도 초기 단계의 토륨 핵발전을 연구하고 있다.

우리나라 최초의 발전소는 1940년대에 수력 자원이 풍부한 압록강, 두만강, 장진강 등에 건설된 대규모 수력 발전소입니다. 특히 압록강 하구의 수풍발전소의 발전 용량은 60만kW로 당시 동양 최대 규모였습니다. 수력 발전소에서는 물의 위치 에너지가 운동 에너지로 전환된 후 다시 터빈의 회전 운동을 만들어내고 이 터빈에 연결된 발전기에서 전기가 만들어집니다.

화력 발전소는 화석 연료인 석탄, 석유, 천연가스를 태워 발생하는 열로 보일러의 물을 끓입니다. 이때 발생하는 증기로 증기 터빈을 회전시키면 같은 축에 연결된 발전기에서 전기가 생산됩니다. 핵발전은 우라늄의 핵분열 과정에서 발생한 열에너지로 보일러의 물을 끓인다는 차이점 외에는 화력 발전과 동일한 방법으로 전기를 만듭니다.

대부분의 발전기는 크기가 크고 구조가 복잡하지만 생활 속에서 쉽게 접할 수 있는 형태도 있습니다. 자전거 램프용 발전기는 코일 중앙에 위치한 영구 자석과 발전기 바퀴가 회전축으로 연결되어 있는데, 자전거가 움직일 때 회전하는 자전거 바퀴의 옆면에 발전기 바퀴가 닿아 함께 회전하면서 발전기 내부에 있는 영구 자석이 회전하게 됩니다. 그러면 코일에 기전력이 유도되어 전류가 흐르고 램프가 켜지는 원리입니다.

## 우리나라의 발전 설비 현황

여름과 겨울철 냉난방으로 인해 전력 수요가 급증할 때면, 전력 소비를 줄이라는 얘기가 들리곤 합니다. 우리나라 발전소의 발전 용량이 어느 정도이기에 해마다 이런 이야기를 하는 걸까요?

한국전력거래소의 조사에 따르면 2018년 기준으로 우리나라의 총 발전 설비 용량은 119,092,000,000W입니다. 2001년의 50,859,000,000W에 비해 2배 이상 발전 설비가 늘어난 것입니다. (2018년 기준 실제 총 발전량은 570,647GWh(gigawatt hour)입니다.) 사회 전반에 전기 에너지 사용량이 급격히 증가했기 때문에 일어난 당연한 변화입니다.

당장 우리가 집에서 사용하는 전기 제품만 하더라도 다양한 스마트 기기, 더 커진 텔레비전과 냉장고, 전에는 없었던 세탁 건조기 등 17년 전과 비교할 수 없을 정도로 많아졌습니다. 학교에서 교실마다 선풍기 대신 에

어컨을 사용하는 것도 큰 변화라고 할 수 있습니다. 오히려 발전 설비의 증가가 2배에 머문 것이 소비의 증가를 따라잡지 못한다는 생각이 들 정도입니다.

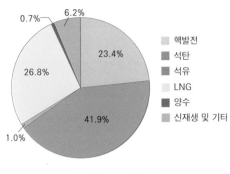

**2018 발전원별 설비 용량**

0.7%  6.2%
23.4% 핵발전
26.8% 석탄
41.9% 석유
1.0% LNG
양수
신재생 및 기타

발전 설비량 변화는 소비 급증에 맞추어 모든 발전원별로 증가하는 추세지만 그중에서도 천연가스(LNG)를 사용하는 가스 터빈 방식의 화력 발전 설비의 증가폭이 가장 큽니다. 2000년대에 들어서면서 신재생 에너지의 가파른 성장도 눈에 뜁니다. 반면에 수력 발전 설비는 큰 폭으로 감소하고 있습니다.

최근에는 신재생 에너지를 이용한 발전 설비 및 양수식 발전 설비가 증가하는 추세지만, 여전히 핵발전과 화력 발전 설비 또한 증가하고 있는 상황입니다. 그러나 일본의 후쿠시마 핵발전소 사고 이후, 우리나라도 탈원전 정책을 펼치며 핵발전 설비 축소를 위해 노력하고 있어 앞으로는 핵발전 증가 추세가 약해질 것으로 보입니다.

미세 먼지 및 환경 오염 문제가 꾸준히 제기되고 있어 화력 발전 설비의 증가 추세 또한 주춤할 것으로 예상되지만, 한편으로는 에너지를 전부 공급할 수 있을 만큼 신재생 에너지 설비가 충분히 늘지 않아서 쉽지 않은 문제라고 생각합니다.

2018년 기준으로 석탄, 석유, 천연가스를 연료로 사용하는 화력 발전 설비가 69.7%로 전체 발전 설비의 3분의 2를 차지하는데, 2016년 기준으로 핵발전을 포함하여 83.1%에 이르는 에너지원의 수입 의존도를 생각할 때, 신재생 에너지 발전 설비 확대 등을 통한 문제 해결이 필요합니다.

**조사 활동** 미세 먼지 발생 원인과 감소 방안 조사하기

최근 수년간 미세 먼지는 우리 사회 전반에 걸쳐 큰 영향을 주고 있다. 미세 먼지의 발생 원인으로 다양한 요인이 지목되고 있는데, 그중 어느 요인이 가장 타당할까? 뉴스, 보고서, 대기 시뮬레이션 등 여러 자료를 조사하여 미세 먼지 발생 원인을 찾아보자.

1. 미세 먼지란 무엇일까?

2. 미세 먼지의 발생 원인에는 어떤 것들이 있는가?

3. 미세 먼지를 줄일 수 있는 방안을 제시해 보자.

# 2 전기 에너지는 어떤 과정을 거쳐 전달될까?

❗ 송전, 변압, 전력 손실, 직류 송전, 지중 선로

국립과천과학관에 설치된 높이 3.1m인 둥근 도넛 모양의 테슬라 코일은 400만V(볼트)의 강력한 방전 스파크를 만들어 냅니다. 마치 번개가 치는 것 같습니다.

테슬라 코일은 낮은 전압을 높은 전압으로 바꾸는 장치입니다. 과천과학관의 테슬라 코일은 220V를 400만V로 변환합니다. 이 장치의 이름은 발명자 니콜라 테슬라(Nikola Tesla)의 이름을 땄습니다. 우리나라에는 잘 알려져 있지 않지만 전력을 보내는 방법에 관한 수많은 기술과 발명품을 남긴 사람입니다. 발명왕 토머스 에디슨은 모두 잘 알고 있겠지요. 에디슨과 테슬라는 동시대 인물로 서로 밀접한 관계에 있었습니다.

크로아티아 태생인 테슬라는 28세 되던 해 미국으로 이주하여 잠시 에디슨의 회사에서 함께 연구했습니다. 그러나 직류 송전을 주장한 에디슨과의 의견 차이로 에디슨과 결별하고 독자적으로 교류 송전을 연구했습니다. 테슬라의 교류 송전 시스템이 우수하다는 사실을 간파한 조지 웨스팅하우스(George Westinghouse)는 테슬라의 특허를 사들였고, 테슬라는 웨스팅하우스의 도움으로 교류 발전기와 교류 송배전 시스템을 발명했습니다. 이 발명은 1895년 웨스팅하우스 사가 나이아가라 폭포에 교류 발전기를 사용한 수력 발전소를 만들 때 채택되었고, 지금까지 대부분의 송전 방식으로 사용되고 있습니다.

## 발전소에서 집까지, 전기를 보내다

발전소에서 생산한 전기를 수송하는 과정을 송전이라고 합니다. 전기를 가정이나 공장으로 옮기려면 송전과 배전 과정을 거쳐야 합니다. 송전은 발전소에서 변전소까지 전기를 수송하는 과정을 말하며, 변전소에서 가정이나 공장까지 수송하는 과정은 배전이라고 합니다. 넓은 의미로 배전은 송전에 포함됩니다.

화력 발전소, 핵발전소 등에서 생산한 전기는 보통 10~20kV(킬로볼트)의 교류 전기입니다. 이렇게 생산된 전기는 곧바로 초고압 변전소로 보냅니다. 이곳에서는 10~20kV의 전압을 154kV, 345kV 또는 765kV[6]의 높은 전압으로 바꾸어(승압) 고압 송전선을 통해 보냅니다.

이렇게 멀게는 100km 이상의 거리를 수십~수백 개에 달하는 송전탑과 송전선을 이용해 보내는데, 목적지에 도착한 전기는 1차 변전소에서 공장이나 철도 등에 사용할 수 있도록 154kV로 다시 낮추어(강압) 공급

---

6   송전선로의 표준 전압. ① 154kV : 과거의 기간 송전 계통. ② 345kV : 현재 우리나라의 기간 송전 계통. ③ 765kV : 차세대 송전 계통, 향후 우리나라의 중추 송전 계통.

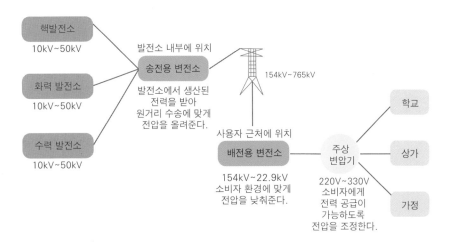

발전소에서 집까지 전력 수송 과정

되고 2차 변전소에서 22.9kV로 다시 한 번 낮추어 큰 건물이나 상업시설 등에 공급됩니다. 우리가 가정에서 사용하는 220V 전압은 주상 변압기에서 마지막으로 낮추어져 공급되는 것입니다.

변전소에서는 변압기를 이용하여 필요에 따라 전압을 높이거나 낮춥니다. 변압기는 얇은 철판 여러 장을 붙인 철심 양쪽에 코일이 감긴 구조로 되어 있는데 교류가 입력되는 부분을 1차 코일이라 하고 출력되는 부분을 2차 코일이라고 합니다. 전기 기구는 2차 코일에 직렬 또는 병렬로 연결하여 사용합니다.

1차 코일에 교류가 입력되면 1차 코일에 흐르는 전류에 의한 자기장의 세기와 방향이 변하는데, 이것이 철심을 통과하면서 2차 코일에도 동일한 자기장의 변화가 전달됩니다. 이때 2차 코일에는 코일을 통과하는 자기선속의 변화에 의해 유도 기전력(전압)이 발생합니다. 2차 코일에 유도된 전압의 크기와 1차 코일에 입력된 전압의 비는 2차 코일과 1차 코일의

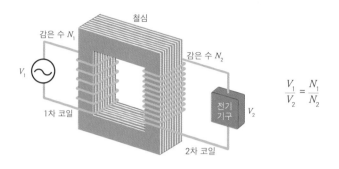

감은 수 $N_1$

철심

감은 수 $N_2$

$V_1$

1차 코일

전기 기구

$V_2$

2차 코일

$$\frac{V_1}{V_2} = \frac{N_1}{N_2}$$

**전압을 바꿔주는 변압기의 구조**

감은 수의 비와 같습니다.

1차 코일보다 2차 코일의 감은 수가 많으면 초고압 변전소에서와 같이 전압이 높아지고, 2차 코일의 감은 수가 1차 코일의 감은 수보다 적으면 1차 변전소, 2차 변전소, 주상 변압기와 같이 전압이 낮아집니다.

## 전력을 효율적으로 수송하려면

1차 변전소, 2차 변전소, 그리고 주상 변압기에서 어차피 전압을 다시 낮출 텐데 처음에 발전소에서 생산된 10~20kV의 전압을 154kV나 345kV 또는 765kV로 높여서 보내는 이유는 무엇일까요? 바로 이 방법이 송전 과정에서 전력 손실을 줄이는 데 효과적이기 때문입니다.

발전소에서 생산된 전력은 전압과 전류의 곱으로 구성됩니다. 전력을 보낸다는 것은 이 둘의 조합을 보낸다는 의미이기도 합니다. 같은 크기의 전력을 보내도 전압과 전류의 조합에 따라 손실 정도가 달라집니다. 전압을 높게 보내면 전류가 작게 흐르고, 전압을 낮게 보내면 전류가 많이 흐

주상 변압기

변전소의 변압기

르기 때문입니다.

같은 전력을 보낼 때 전류가 작게 흘러야 효과적인데, 그 까닭은 무엇일까요? 전력 수송 과정에서 송전선에 전류가 흐르면 송전선의 전기 저항에 의해 전력의 일부는 도중에서 열(줄열)로 변해 손실됩니다. 이때 손실되는 전력의 크기는 송전선에 흐르는 전류의 제곱과 송전선의 전기 저항에 각각 비례합니다. 따라서 손실되는 전력을 줄이려면 송전선에 흐르는 전류의 세기를 줄이거나 송전선의 전기 저항을 줄여야 하는데, 송전선의 전기 저항을 줄이는 것은 간단하지 않습니다.

송전선의 전기 저항은 송전선의 재질, 굵기, 길이에 의해서 결정됩니다. 송전선이 굵고 길이가 짧을수록 저항이 작아지지요. 그러나 송전선이 굵을수록 더 무거워지고 송전선의 길이는 발전소와 소비지의 거리와 관계가 있기 때문에 바꾸는 데 한계가 있습니다. 또한 현재 사용하는 송전선의 재료인 구리선을 대체할 획기적인 재료가 개발되지 않는 한, 송전선의 전기 저항을 줄여서 손실되는 전력을 줄이기란 매우 어렵습니다.

따라서 전기 저항을 줄이기보다 전류의 세기를 감소시켜 전력 손실을 줄이는 편이 현실적입니다. 발전소에서 생산되는 전력이 일정할 때, 전압을 2배 높여 송전하면 $P_{송전}=VI$(송전 전력 = 전압 × 전류)이므로 송전선에 흐르는 전류의 세기는 2분의 1로 감소하고, 손실되는 전력은 $P_{손실}=I^2R$로부터 전류의 제곱에 비례하므로 4분의 1로 감소합니다.

이러한 까닭에 초고압 변전소에서는 전압을 10~50배 높여 송전합니다. 그렇게 하면 중간에 손실되는 전력이 줄기 때문에 소비지에 전달되어 사용할 수 있는 전력이 증가합니다. 뿐만 아니라 송전선을 교체하지 않고도 더 많은 전력을 보낼 수도 있습니다.

송전 시 송전선의 허용 전류 이상으로는 전류를 흐르게 할 수 없는데 전압을 높이면 전류가 감소하므로 동일한 송전선으로 더 많은 전력을 보낼 수 있습니다. 발전소의 최대 전력은 일정하니 동일한 전압이라면 여러 발전소의 전력을 하나의 송전선을 이용해 보낼 수 있는 것입니다. 송전선의 저항이 같다면 전력은 전압의 제곱에 비례하므로, 전압을 2배로 하면 4배의 전력을 보낼 수 있습니다. 그러나 이것은 전기가 교류(AC, Alternating Current)일 때만 해당됩니다.

현재 우리나라의 송전 방식은 대부분 교류인데, 비교적 간단한 설비로 많은 전력을 먼 거리까지 보낼 수 있다는 장점이 있는 반면에 저장은 할 수 없다는 단점이 있습니다. 저장할 수 없으면 필요할 때마다 발전을 통해 송전해야 합니다. 그러나 발전소의 발전기는 전기 스위치처럼 켜거나 끄는 것이 빠르게 전환되지 않아서 전력 소비가 작거나 일정하지 않으면 오히려 낭비되는 결과를 초래합니다. 효율이 좋지 않은 것입니다.

최근에는 휴대전화, 노트북 등 IT 기기의 사용 증가로 교류를 직류(DC, Direct Current) 형태로 전환하여 충전 또는 사용하는 전력이 증가하고 있는데, 이 때문에 교류에서 직류로 전환할 때 발생하는 전력 손실이 무시할 수 없는 정도에 이르고 있습니다.

그렇다면 점차 사용이 증가하고 있는 직류로 송전하면 어떨까요? 1893년에는 에디슨의 직류 송전 방식이 테슬라의 교류 송전 방식에 밀려 빛을 보지 못했지만, 완전히 사라진 것은 아닙니다. 초고압으로 직류를 송전하는 방식은 1954년 스웨덴에서 최초로 적용된 후 미국, 유럽에도 적용되었고, 최근에는 중국은 물론이고 브라질, 인도 등에서 장거리 전력 수송 방식으로 채택하고 있습니다.

우리나라에도 직류로 송전하는 곳이 있습니다. 바로 진도-제주, 해남-제주 구간입니다. 제주의 부족한 발전량을 보완하기 위해 총 길이 100km가 넘는 초고압 직류 송전(HVDC, High Voltage Direct Current) 케이블을 이용해 해저로 180kV, 300MW 용량의 전력을 보내는데, 이때 사용하는 방식이 직류입니다.

직류 송전은 교류 송전에 비해 선로 구축 비용이 10배 가까이 높습니다. 그런데 왜 갑자기 직류 송전 방식이 관심을 받는 것일까요? 바로 반도체 기술의 발달 덕분입니다. 1893년에 에디슨이 제안한 120V는 전압이 낮았고 중간에 손실되는 전력을 줄일 수 있는 기술이 없었습니다.

그러나 현재는 전자 및 핵심 반도체 기술의 발달로 전력 손실이 거의 없고 송전선에서의 전자기파 발생이 매우 적으며 ESS(Energy Storage System, 에너지 저장 시스템)에 저장할 수 있는 100kV 이상의 초고압 직류 송전이 가능해졌습니다. 오히려 장거리 송전이 교류보다 유리한 수준이 된 것입니다.

또한 직류 송전은 위상이나 주파수에 상관없이 전력 연계가 가능하기 때문에 국가 간 전력 연계, 우리나라에서는 남북한 전력 연계 그리고 동북아 전력 연계 시 유용한 방식입니다.

물론 화력 발전, 핵발전 그리고 풍력 발전에 사용되는 발전기가 교류 발전기이기 때문에 현재의 송전 시스템과 잘 맞고, 직류 송전을 하더라도 교류 전력을 직류로 변환해 송전하기 때문에 매우 효과적이라 할 수는 없

## 모양도 크기도 제각각인 송전탑

송전탑은 고압의 송전선을 설치하기 위해 높게 세운 철탑이다. 대부분 사람이 거주하지 않는 산이나 들판 근처에 세우지만 시화호 횡단 송전탑과 같이 바다 또는 호수를 지나는 송전탑도 있다. 송전탑의 크기는 송전 전압에 따라 차이가 있다. 일반적으로 154kV는 높이가 약 33m, 345kV는 50m, 765kV는 93m에 달한다.

송전탑을 멀리서 보면 꽤 촘촘히 세워져 있는 것처럼 보인다. 송전탑 사이의 거리가 너무 멀면 송전선이 무게에 의해 아래로 처져 끊어지거나 송전탑의 안전에 영향을 줄 수 있으며, 거리가 너무 가까우면 설치할 송전탑의 개수가 늘어나 비용이 많이 든다. 그래서 지형과 안전성, 경제성을 고려해서 지어야 한다.

송전탑 사이의 거리에 영향을 주는 또 한 가지 재미있는 요인이 있다. 바로 송전선이 감긴 롤(roll)의 크기(지름)다. 일반적으로 송전선은 트럭에 실어 운반하는데, 운반 과정에서 터널이나 교량 밑을 지날 수 있는 최대 높이를 초과할 수 없다. 그렇기 때문에 송전선 하나의 길이, 즉 송전탑 사이의 거리는 154kV가 300m, 765kV는 500m 정도다.

우리나라의 송전탑은 흔히 에펠탑 모양이라고 부르는 철탑 모양인데, 외국에는 다양한 모양의 송전탑들이 있다. 우리나라 지형에는 어떤 디자인의 송전탑이 어울릴까?

**몰도바에 위치한 동물 모양의 송전탑**

습니다. 그러나 장기적으로는 변화하는 에너지 패러다임에 맞춰 직류 발전 방식인 태양광 발전이 확대될 테니, 현재의 교류 송전 시스템을 수정하는 일도 필요할 것입니다.

현재 사용하는 기술이 초고압 직류 송전이라면 미래의 송전 기술은 초전도 케이블을 이용한 송전이라고 할 수 있습니다. 특정 온도 이상에서 초전도성을 보이는 초전도체는 저항이 0이기 때문에 전류가 흐를 때 열이 발생하지 않아 전력 손실이 거의 없습니다. 그러나 현재까지 개발된 초전도체는 온도를 낮추는 데 많은 비용이 소요되기 때문에 상용화가 어렵고, 상온에서 초전도 현상을 일으키는 물질이 개발되어야 상용화가 가능할 것으로 예상하고 있습니다.

초전도 송전이 가능해지면 현재보다 훨씬 적은 발전소와 송전탑, 송전선으로 더 많은 전력을 보낼 수 있습니다. 그러면 전력 수송의 효율을 높이는 과정에서 발생했던 여러 가지 사회적 문제들도 해결할 수 있겠지요.


## 전력 수송에 안전을 더하기

우리나라 전력망의 주 송전 전압은 345kV입니다. 그런데 점차 송전 전압을 765kV로 높이려고 합니다. 앞에서 설명한 것처럼 더 많은 전력을 공급하고 전력 손실도 줄이기 위해서입니다. 그러나 전력 손실을 줄일 수만 있다면 무조건 환영할 일일까요?

2012년에 온 나라의 이목을 집중시켰던 사건이 있었습니다. 바로 '밀양 송전탑 사건'입니다. 경상남도 밀양시에 건설될 예정인 765kV의 고압 송전선 및 송전탑을 두고, 밀양 시민과 한국전력 사이에 벌어진 일련의 분쟁이었습니다.

한국전력은 신고리-북경남 사이에 총길이 90.5km의 송전선을 건설하여 울산 신고리원자력발전소 3호기에서 생산한 전력을 창녕군의 북경남 변전소로 수송할 예정이었습니다. 그런데 밀양 시민과 환경 단체들이 고압 송전탑이 인체에 유해하다고 주장하며 건설을 반대하면서 한국전력과 분쟁이 일어났습니다.

건설을 반대하는 쪽은 「가공 송전선로 전자계 노출량 조사 연구」라는 보고서의 내용을 근거로 제시했습니다 보고서는 765kV 고압 송전선로 80m 이내에는 「페이칭 보고서(Feyching)」[7] 기준으로 어린이 백혈병 발병률이 3.8배 높아지는 3mG(밀리가우스)의 전자파에 연중 노출되는 것으로 분석됐다고 밝혔습니다. 이에 대해 한국전력은 80m 이내의 거리에는 1가구만 있다고 주장했고, 밀양 주민들은 수십 가구가 송전탑 주변에서 농사를 짓는다고 주장했습니다.

충분한 전력 공급을 위해 송전 전압을 높이려는 한국전력의 입장과 송전 전압을 높이면 더 큰 전자기파가 발생해 주민의 안전을 위협한다는 밀양 주민의 입장 모두 공감이 갑니다. 이는 비단 밀양만의 문제가 아니라 우리 모두의 문제이기에 해결을 위한 범정부적인 협의와 사회적 협의에 대한 노력이 필요합니다.

전자기파의 안전 문제는 초고압 송전선에만 해당하는 것이 아닙니다. 우리 주변에는 수십 kV 전압의 수많은 배전 전선들이 전봇대와 전봇대 사이, 그리고 땅속에 설치되어 있습니다. 전봇대의 높이가 꽤 높기 때문

---

7   1992년 「페이칭 보고서」는 송전선 인근에 살고 있는 17세 이하 어린이 백혈병 발병률이 2mG 이상에서는 2.7배, 3mG 이상에는 3.8배 높다는 결과를 발표했다. 이 보고서는 노벨상 심사 기관인 카롤린스카 연구소의 공식 논문으로 발표되었다.

### 나라마다 다른 전압과 주파수 그리고 콘센트

해외여행을 갈 때 꼭 챙겨야 하는 것 중에 일명 '돼지코'가 있다. 휴대전화나 배터리를 충전하려면 여행 국가의 콘센트 규격을 알고 그에 맞는 플러그를 준비해야 한다. 한국과 중국, 유럽은 220V 전압이지만 우리나라의 주파수 60Hz와 다르고, 일본과 미국은 각각 110V, 120V이지만 주파수는 50/60Hz와 60Hz다.

이렇듯 전압과 주파수는 국가, 심지어 지역마다 다르다. 휴대전화를 비롯해 많은 휴대용 전자기기들은 입력되는 전압을 기기에 맞는 전압으로 자동으로 변환하여 사용하는 듀얼 볼트(dual voltage)지만 플러그는 각 나라에 맞게 준비해야 한다.

주파수 또한 자동으로 맞추긴 하지만, 일부 전자기기는 듀얼 주파수(dual frequency)가 아니다. 주파수가 맞지 않으면 전류가 다르게 흘러 열이 많이 발생하고 모터가 있는 제품은 오작동해서 일찍 고장이 날 수도 있다.

---

에 예전에는 지면에서 전선의 영향을 받을 염려가 적었지만, 고층 연립주택 및 아파트가 많아지자 전봇대의 높이도 더 이상 안전하다고 보기는 어렵게 되었습니다.

창문을 열면 눈앞에 전선이 있는 경우도 흔하게 볼 수 있습니다. 그래서 주택가의 경우 배전 전선을 땅속에 묻는 지중화 작업이 필요합니다. 하지만 지중화 작업에는 많은 비용이 들기 때문에 아파트 같은 대규모 주택 공사가 아니면 실행하기가 어렵습니다. 앞으로는 일반 주택가의 전선 지중화를 위한 노력이 필요합니다.

**조사 활동** **우리 집 주변의 자기장 측정하기**

1. 인터넷에서 집 주변 지도를 인쇄하여 다음 내용을 조사하고 표시해 보자.

   – 집 주변 전봇대와 주상 변압기의 개수를 조사해 보자.

   – 집 주변 인도에서 지중 선로가 있다는 것을 표시한 다음과 같은 마크를 찾아보자.

   – 휴대전화에 자기장 측정 애플리케이션을 다운로드 받아 집 주변 자기장의 세기

   를 측정해 보자.

# 3 태양은 어떻게 에너지를 만들까?

⚠ 수소 핵융합, 지속 가능, 재생 가능, 에너지 전환, 핵융합로

2007년 북극의 소유권을 두고 주변 국가 간에 신경전이 벌어진 일이 있었습니다. 러시아가 잠수함 2대를 보내 북극 해저에 자국 국기를 꽂자, 덴마크를 비롯한 미국, 캐나다, 노르웨이 등이 저마다 '북극은 우리 것'이라며 반발했던 것입니다. 북극이 갑자기 영토 분쟁 지역이 된 이유는 무엇일까요?

바로 에너지 자원 때문입니다. 북극 해저의 석유와 천연가스 매장량은 1660억 배럴로 전 세계 미확인 석유·천연가스 매장량의 25%에 이른다고 합니다. 탄소 성분의 기체인 천연가스가 물 분자와 결합해 생긴 고체 에너지원인 가스 하이드레이트(일명 불타는 얼음)도 막대한 양이 매장된 것으로 추정하고 있습니다.

에너지 자원 문제는 인류가 당면한 중요한 문제 중 하나입니다. 과거로부터 온 태양의 선물인 화석 연료가 유한하기 때문에 언젠가는 고갈될

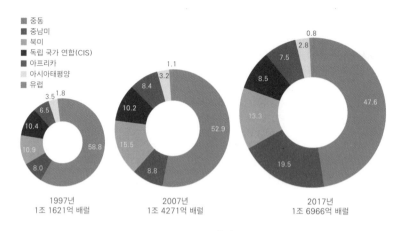

1997년
1조 1621억 배럴

2007년
1조 4271억 배럴

2017년
1조 6966억 배럴

출처: BP Statistical Review of World Energy, 2018

**대륙별 석유 매장량 분포**

것입니다. 그렇다면 언제까지 석유와 석탄을 사용할 수 있을까요? 영국 석유회사 BP(British Petroleum) 통계에 의하면 세계 원유 확인 매장량은 2017년 기준으로 약 1조 7000억 배럴로 추정되고 있습니다.

가채년수란 '현재와 같은 규모로 생산할 경우 앞으로 몇 년이나 더 쓸 수 있을지를 나타낸 기간'으로, 확인 매장량을 그 해의 연간 생산량으로 나눈 숫자입니다. 석유 개발 기술이 발달하고 유전이 새로 발견되면 가채 년수가 같이 늘어나기 때문에 1950년대부터 지금까지 40년을 유지하고 있습니다.

그러나 석유는 기본적으로 재생이 불가능한 화석 연료입니다. 언젠가 고갈될 수밖에 없습니다. 석유 생산량이 최고점에 도달하면 곧 수요 증가를 따라갈 수 없기 때문에 이때부터 석유 위기가 닥칠 것으로 예상하고 있습니다. 석유 위기가 닥치면 석탄의 소비도 늘어날 테니 석탄 고갈도 가속될 것입니다.

## 태양 에너지, 거의 모든 에너지의 근원

과거 100여 년간 인류가 이룩한 문명은 석유와 석탄, 즉 화석 연료에 기반한 막대한 에너지 소비를 바탕으로 이루었다고 할 수 있습니다. 화석 연료는 아주 오래전 지구에 도달한 태양 에너지에 의해 만들어진 것입니다.

태양계에서 별은 태양 하나뿐입니다. 별이란 스스로 빛과 열을 내는 천체를 뜻합니다. 태양 중심부같이 약 1500만K의 초고온 상태에서는 수소 같은 작은 원자핵들이 융합하여 헬륨처럼 더 큰 원자핵으로 변하는 핵융합 반응이 일어납니다. 핵융합이 일어날 때는 구성 물질의 질량이 줄어드는데, 줄어든 질량은 에너지로 변하여 사방으로 방출됩니다. 1g의 헬륨이 만들어질 때 방출되는 에너지는 6800억J로, 석유 1만 6000톤이 탈 때 내는 에너지에 해당합니다.

태양 내부에서 수소 핵융합을 통해 만들어진 에너지 중 지구에 도달하는 에너지는 전체의 20억분의 1에 불과하지만, 지구에서 일어나는 대부분의 자연적인 변화를 일으키고 생명체가 살아갈 수 있는 원동력이 됩니다.

태양은 과거에서부터 현재까지 우리에게 에너지를 공급하고 있으며 최소한 지금으로부터 50억 년 후까지 계속 에너지를 방출할 것입니다.

화석 연료 덕분에 부족함이 없는 삶을 사는 우리는 이 혜택이 다음 세대에까지 이어질 수 있도록 에너지 체계를 지속 가능하도록 바꾸어야 할 의무가 있습니다. 지속 가능한 에너지 체계 구축을 위해 우리가 사용하는 에너지를 재생 불가능한 화석 연료에서 재생 가능한 에너지로 옮겨야 할 것입니다.

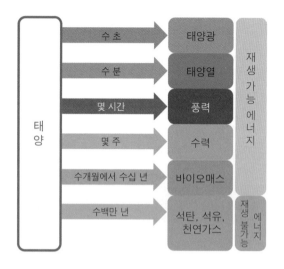

에너지 자원의 재생 기간

화석 연료는 태양 에너지가 저장되고 나서도 사용할 수 있기까지 오랜 시간이 걸리는 데다 재생 불가능한 에너지입니다. 반면에 태양의 빛과 열을 직접 이용하는 태양광, 태양열과 바람, 물을 이용하는 에너지는 재생 가능한 에너지라고 합니다. '재생 가능 에너지' 또는 '재생 에너지'의 의미는 '필요에 의해 다른 형태의 에너지로 변환될 때 그 에너지원이 원래의 상태로 회복되는 시간이 화석 연료에 비해 아주 짧은 에너지'를 뜻합니다.

또는 '비교적 최근에 지구로 들어온 태양 에너지'라고 할 수도 있습니다. 태양광, 태양열, 풍력, 수력 등은 모두 재생 가능한 에너지면서 근원이 태양 에너지라는 공통점이 있습니다.

재생 에너지가 주목을 받는 가장 큰 이유는 지속 가능하기 때문입니다. '지속 가능'은 다른 말로 에너지를 생산하기 위해서 다른 무엇인가를 소모하지 않는다는 뜻이기도 합니다.

# 태양에서 일어나는 핵융합 반응

에너지의 극히 일부만으로도 지구에서 일어나는 모든 자연 현상의 근원이 되고 지구 생명체의 생존을 가능하게 하는 태양 에너지는 어떻게 만들어질까요?

원자핵을 구성하는 핵자(양성자와 중성자)들은 강한 핵력으로 결합되어 있습니다. 이 원자핵을 파괴하여 핵자를 따로따로 떼어놓으려면 엄청난 에너지가 필요합니다. 반대로 따로 떨어져 있는 핵자들이 결합하여 핵을 구성할 때에는 이와 똑같은 양의 에너지를 방출합니다.

이 에너지를 원자핵의 결합 에너지라고 부릅니다. 그래서 원자핵의 질량을 측정해 보면 원자핵을 구성하고 있는 각 핵자들의 질량을 더한 값보다 항상 작습니다. 질량의 차이가 핵자 간의 결합 에너지로 바뀌었기 때문입니다. 질량과 에너지는 이처럼 서로 전환됩니다. 핵융합이나 핵분열 과정을 설명하는 데 이는 매우 중요한 사실입니다.

태양에서는 수소를 헬륨으로 바꾸는 핵융합 반응인 양성자-양성자 연쇄 반응이 일어납니다. 이 반응은 매초 약 $9.2 \times 10^{37}$회 일어나며 이 반응으로 매초 약 $3.7 \times 10^{38}$개의 양성자가 헬륨 원자핵으로 바뀝니다. 이 과정에서 태양은 초당 4조W의 100조 배에 달하는 에너지를 방출하고 있습니다.

헬륨 원자핵의 질량은 4.00260u[8]입니다. 또 양성자는 1.007825u, 중성자는 1.008655u인데 헬륨 원자핵에는 양성자와 중성자가 각각 2개씩 있으므로 네 입자의 질량을 더하면 4.03296u입니다. 즉, 헬륨 원자핵의 질량 4.00260u과는 0.03036u만큼 질량 차이가 생기는 것입니다. 이를 질량

---

8 원자 질량 단위 u는 C(탄소)의 원자 질량으로 정의한다.

### 에너지의 크기 비교, 1eV(일렉트론볼트)의 에너지는 어느 정도일까?

eV의 크기를 이해하기 위해서는 먼저 에너지의 표준 단위인 J의 크기를 알아야 한다. 중력 가속도를 $10m/s^2$로 했을 때 50kg중은 무게 500N이다. (1kg중은 10N이다.) 10N의 10분의 1인 1N은 0.1kg의 질량에 해당하는 물체의 무게라고 할 수 있다.

질량=밀도×부피이므로 질량이 1kg이라면 밀도가 1kg/L인 물 1L의 질량에 해당한다. 즉, 이로부터 500mL 생수병의 질량은 약 0.5kg이 되고, 이것의 무게는 5N이다. 따라서 1N은 물이 5분의 1쯤 담긴 500mL 생수병의 무게와 같다.

그리고 무게 1N의 이 생수병을 1m 높이까지 들어 올리는 데 한 일이나, 1m 높이에서 떨어졌을 때 바닥에 있는 물체에 할 수 있는 일의 양이 바로 1J이다.

$1eV=1.6\times10^{-19}J$이므로 1,000,000배인 1MeV는 $1.6\times10^{-13}J$인데, 양성자나 중성자와 같은 핵자 1개의 결합 에너지가 약 7MeV이므로 $11.2\times10^{-13}J$이다. 그 작은 양성자나 중성자 1개의 결합 에너지가 이 정도이니 태양에서 핵융합에 의한 에너지가 어느 정도인지 상상하기도 어렵고 숫자로 표현만 할 수 있을 뿐, 짐작할 수도 없다.

결손($\triangle m$)이라고 합니다.

1905년 아인슈타인은 자신의 특수 상대성 이론에서 질량과 에너지는 서로 다른 것이 아니라 동등하다고 주장했습니다. 즉, 질량은 에너지로, 에너지는 질량으로 변환될 수 있다는 것입니다. 질량 결손에 의해 나타나는 에너지 양은 $E=\triangle mc^2$이므로 태양에서 핵융합 반응에 의해 헬륨 원자핵이 만들어질 때 헬륨의 결합 에너지는 0.03036(u)×931(MeV/u)=28.265MeV(메가일렉트론볼트)입니다. 핵자 1개당 결합 에너지는 헬륨 원자핵의 질량수가 4이므로 28.265MeV를 4로 나누어 7.0663MeV가 되는 것입니다.

일반적으로 양성자나 중성자 같은 핵자 1개당 결합 에너지가 클수록 핵력이 크며 질량수 56인 철(Fe) 원자핵이 가장 안정한 상태에 있습니다. 그래서 수소같이 질량수가 작은 원자핵들이 뭉쳐 헬륨 원자핵이 되면 결합 에너지가 커지므로 그 차이만큼 에너지를 방출하고, 우라늄같이 무거운 원자핵이 질량수가 작은 원자핵으로 분열할 때에는 결합 에너지의 차이에 해당하는 에너지를 방출하는 것입니다.

핵분열과 핵융합 이론은 모두 아인슈타인의 특수 상대성 이론 공식 $E=\triangle mc^2$에 따른 것으로, 원자의 질량이 손실되어 사라지면서 그에 상응하는 에너지가 발생한다는 원리를 따릅니다. 즉, 핵분열 과정은 물론 핵융합 과정에서도 일정량의 질량 결손이 발생하며, 그 물질이 사라지면서 에너지가 생깁니다.

2017년 기준으로 우리나라는 4곳의 핵발전소에서 24기의 원자로를 가동하며 연간 750톤의 농축 우라늄과 천연 우라늄을 사용해 전기를 생산합니다. 이 750톤의 우라늄 원료가 에너지로 바뀌는 과정에서 손실되는 질량을 $E=\triangle mc^2$ 식에 넣어 계산하면 연간 약 5kg입니다. 이 5kg에 불과한 우라늄이 사라지면서 1년간 우리가 사용하는 전기 에너지의 약 27%인 148,427GWh(기가와트시)로 변환되는 것입니다.


## 지구에서 일어나는 에너지 전환

태양의 내부에서 수소 핵융합을 통해 만들어진 에너지 중 지구에 도달하는 에너지는 전체의 20억분의 1에 불과하다고 했지요. 그러나 우리 주변의 여러 연료에서 얻을 수 있는 에너지 양과는 비교할 수 없을 정도로 막대한 양입니다.

지구상의 모든 생명체들은 태양으로부터 오는 에너지를 이용하여 살아가고 있으며 매일매일의 날씨 변화나 지구적인 규모로 일어나는 해류와 대기 순환, 암석의 풍화 등도 태양 에너지로 인해 일어나는 현상입니다. 이처럼 태양 에너지는 지구계의 여러 권에 흡수되어 지구계를 역동적으로 만드는 원동력이 되거나 반사 또는 산란하면서 외권으로 방출됩니다.

지구는 구형이기 때문에 위도별로 입사되는 태양 에너지와 방출하는 지구 에너지 사이에 차이가 있습니다. 이때 지구는 대기와 해수가 순환하여 흡수 에너지가 더 많은 저위도에서 방출 에너지가 더 많은 고위도로 에너지를 전달하여 전체적으로 에너지의 균형을 이룹니다.

이 과정에서 태양 에너지의 약 30%는 구름과 지표면에서 반사되거나 공기 중에서 산란됩니다. 나머지 70%는 대기와 지표면에서 흡수되며, 흡수된 에너지는 수증기의 증발에 의한 잠열이나 대류, 전도 등으로 지표면과 대기 사이를 순환합니다.

결국 이 70%의 에너지가 지구계에 끊임없는 변화를 일으키는 에너지원인 것입니다. 지구계의 변화도 에너지 흡수와 방출을 통한 에너지 전환의 연속이며 대기와 지표면에서 지구 복사에 의해 70%의 에너지가 공간으로 다시 방출되므로, 전체적으로 에너지 보존 및 평형을 이룹니다.

지구에 끊임없이 도달하는 태양 에너지는 지구계의 각 권에서 다양한 자연 현상을 일으키면서 여러 형태의 에너지로 전환됩니다. 태양 에너지는 기권이나 수권에서 대기나 해류의 순환을 일으키며 운동 에너지로 전

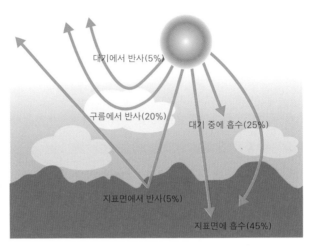

대기에서 반사(5%)

구름에서 반사(20%)

대기 중에 흡수(25%)

지표면에서 반사(5%)

지표면에 흡수(45%)

**지구의 복사 평형**

환되어 태풍을 불게 합니다. 또 태양 빛이 바다에서 물을 증발시키고 증발된 물이 비가 되어 산 위에 떨어진 후 다시 바다로 가는 동안 지면을 흐르면서 풍화와 침식 작용을 일으키는 등 여러 가지 기상 현상을 발생시킵니다. 이렇게 다른 형태의 에너지로 전환되는 것입니다.

한편 생물권에서는 생명을 유지하는 데 필수적인 에너지 공급원이 됩니다. 태양의 빛에너지는 식물의 광합성 작용으로 녹말을 만들어서 화학적 에너지로 바꾸고 이 에너지는 다시 동물의 생명을 유지하는 데 이용됩니다. 지권에 저장된 화석 연료인 석탄과 석유는 태양 에너지가 여러 형태로 전환되는 과정에서 생물권을 거쳐서 지권에 저장된 것입니다.

이렇게 저장된 화석 연료는 인류 문명의 근간이 되는 전기 에너지로 전환되는 중요 에너지입니다. 이렇듯 태양 에너지는 지금의 인류 문명을 이루는 데 매우 중요한 역할을 했습니다.

# 지구 위의 인공 태양, 핵융합로

2004년에 개봉한 영화 〈스파이더맨 2〉에는 핵융합 장치가 등장합니다. 스파이더맨은 친구 해리의 사무실을 방문하여 옥토퍼스 박사가 삼중수소라고 불리는 트리튬을 이용하여 핵융합 반응을 성공시키는 것을 보게 됩니다. 실험실 안에서 수소를 반응시켜 인공 태양을 만든 것입니다. 그런데 실험 도중 박사의 몸에 심은 제어 칩이 과부하로 고장 나 박사가 괴물로 변하고 핵융합 장치를 더 크게 만들어 세상을 멸망시키려 합니다. 스파이더맨이 이 핵융합 장치를 없애고 지구를 구한다는 줄거리입니다.

영화에서처럼 핵융합 반응에는 실제로 삼중수소가 사용됩니다. 중수소와 삼중수소를 1억℃까지 올리면 전자가 분리되고, 이온화된 다량의 원자핵과 전자가 고밀도로 몰려 있는 플라스마(plasma) 상태가 됩니다.

플라스마 상태의 중수소와 삼중수소가 서로 충돌하면 중성자와 헬륨이 생성되는데, 이때 생성된 중성자와 헬륨의 질량의 합은 충돌 전의 중수소, 삼중수소의 질량의 합보다 작습니다. 이 질량의 차이가 에너지로 전환됩니다. 그러나 양성자들 사이의 전기력(척력) 때문에 핵융합이 일어나려면 태양과 같은 온도인 1억℃에 도달해야 하고, 진공과 거의 비슷한 환경에서 플라스마 상태인 삼중수소를 토카막이라는 핵융합로에 가두어야 합니다.

토카막이란 도넛 모양으로 생긴 강한 자기장을 만드는 장치를 말합니다. 강한 전류는 주위에 강한 자기장을 만드는데, 대부분의 물질은 저항이 있어 매우 큰 전류가 흐르면 열이 발생하여 균열이 생깁니다.

토카막은 초전도체로 만듭니다. 도넛 모양의 초전도 토카막에 매우 큰 전류를 흐르게 하면 안쪽 공간에 한 방향으로 흐르는 강한 자기장을 만들어 1억℃가 넘는 플라스마를 가두고 제어할 수 있습니다.

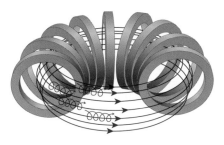

**토카막 내부의 자기장**

초전도체는 매우 낮은 온도에서 저항이 0이 되기 때문에 큰 전류를 이용해 강한 자기장을 만들 수 있습니다. 그러나 초전도체의 온도를 영하 200℃로 정도로 낮춰주어야 하기 때문에 액체 헬륨으로 초전도체를 계속 냉각해야 합니다. 여기에 아주 많은 비용이 드는 점이 해결해야 할 숙제입니다. 어쨌든 1억℃라는 엄청난 온도의 플라스마를 가두어놓는 그릇이 영하 200℃라는 사실이 정말 놀랍습니다.

이렇게 무시무시해 보이는 핵융합로가 우리나라에도 있다는 사실을 아시나요? 국가핵융합연구소(NFRI)의 KSTAR(Korea Superconducting Tokamak Advanced Research)가 그것입니다. KSTAR는 초전도체로 만든 토카막 내부에 플라스마를 이용하여 핵융합 반응을 연구하는 핵융합 실험로입니다.

물론 KSTAR의 최종 목표는 지속적으로 전기를 생산하는 것이지만, 2017년 기준으로 KSTAR의 핵융합 반응 지속 시간은 70초밖에 되지 않습니다. 2009년 처음 KSTAR를 가동했을 때 반응 지속 시간이 불과 3.6초이었던 것을 감안하면 장족의 발전이지만, 핵융합 발전이 상용화되려면 투입된 에너지보다 생산된 에너지가 20배 이상 많아야 합니다. 현재는 투입된 에너지와 생산된 에너지가 같은 수준이지요. 다른 발전소들처럼 전기를 지속적으로 생산하기까지는 앞으로도 약 20년 정도 더 걸릴 거라니, 정말 어렵고 힘든 연구입니다.

핵융합 발전소를 만들기 위해서는 다양한 첨단 과학기술과 막대한 비용이 필요합니다. 그래서 2007년부터 유럽연합, 미국, 러시아, 중국, 일본, 한국, 인도 7개 국가의 공동 연구로 프랑스 남부 카다라쉬에 KSTAR의 20배가 넘는 규모의 핵융합 발전소를 건설하고 있습니다.

이 발전소의 이름은 ITER(International Thermonuclear Experimental Reactor, 국제 핵융합 실험로)입니다. iter는 라틴어로 '길'이라는 뜻으로 이 연구의 성공이 '인류 에너지 문제 해결의 길'이라는 의미를 가지고 있습니다. 2025년 완공을 목표로 하고 있으며, 각 나라에서 부품을 만들어 프랑스에서 조립하는 방식으로 진행되고 있습니다. 우리나라는 진공 용기, 초전도체 등 핵심 부품을 만들어 참여하고 있습니다.

그런데 과연 인공 태양이라고 부르는 ITER가 완성되면 인류의 에너지 문제가 해결될까요? 아마 이는 더 많은 시간이 지나야 알 수 있을 것입니다. 여러분 중에서 ITER에서 핵융합을 연구하여 인류 에너지 문제 해결에 기여하는 과학자가 나오지 않을까, 기대해 봅니다.

**조사 활동** 핵융합을 연구하는 기관을 찾아보기

우리나라는 ITER의 회원국으로서 ITER 건설과 운영 단계에서 각각 9.09%
와 10%의 인적 자원을 파견할 수 있는 권한을 가지고 있다. 그러나 우리나
라에는 핵융합 관련 기관 및 대학, 연구자가 충분하지 않아 어려움을 겪어왔
다. 현재는 관련 분야에 대한 관심이 커지면서 연구 인력이 꾸준히 증가하고
있다. 핵융합 관련 공부 및 연구를 할 수 있는 학과와 연구 기관에는 어떤
곳이 있는지 조사해 보자.

# 4 화석 연료를 대체할 에너지 자원을 찾아라

⚠ 핵발전, 태양열 발전, 태양광 발전, 풍력 발전

인류는 태양광 발전, 풍력 발전 등 화석 연료를 대체할 다양한 신재생 에너지와 새로운 방식의 핵발전을 꾸준히 연구하고 있습니다. 우리의 생활 및 인류의 문명이 전기 에너지 없이 존속될 수 없으므로 지속 가능한 발전 방식이 필요하기 때문입니다.

만약 화석 연료가 무한했더라도 이러한 준비는 반드시 필요합니다. 화석 연료 사용을 획기적으로 줄여야 하는 또 다른 이유가 있기 때문입니다. 바로 기후 변화의 주요 원인으로 주목받는 이산화 탄소 배출입니다.

화석 연료는 수십억 년 전 지구에 도달한 태양 에너지가 대기 중의 이산화 탄소로부터 탄소를, 물로부터 수소를 떼어내 붙잡아둔 것입니다. 이렇게 아주 오랜 기간에 걸쳐 생성된 화석 연료를 짧은 시간에 태우는 것은 수십억 년 간 누적된 이산화 탄소를 현재의 대기에 풀어놓는 것과 같습니다. 그로 인해 대기의 성분비가 갑자기 변하고 지구의 열 균형이 깨지고 있습니다.

캐나다 빅토리아 대학에서는 지구상에 현존하는 모든 화석 연료를 사용했을 때의 상황을 시뮬레이션했습니다. 그 결과 극지방의 기온은 지금보다 20℃나 상승하고 지구 평균 기온이 약 10℃ 올라가며 오스트레일리아 및 남아프리카 지역의 절반이 바다에 잠길 것이라는 충격적인 결과가 나왔습니다.

지난 100년간(1906~2005) 지구의 평균 온도가 약 0.74℃ 상승했음에도 북극과 그린란드의 얼음과 만년설이 녹았고, 아프리카 킬리만자로의 만년설도 20세기 초반에 비해 80%나 줄었습니다. 지구의 온도가 1℃ 올라가면 전체 생물종의 30%가 멸종 위기에 빠진다는 연구 결과도 있습니다. 이래도 남아 있는 화석 연료를 고갈될 때까지 사용해야 할까요?

화석 연료에 대한 의존을 줄이지 못하면 미래에 어떤 일이 일어날지 뻔히 알고 있으면서도 값싸고 편리한 에너지의 유혹을 뿌리치지 못하고 파국을 향해 달리는 우리를 '석유 중독' 상태라고도 합니다. 그런데 화석 연료를 대체하기 위한 핵발전이나 태양광 발전, 풍력 발전에는 아무 문제도 없을까요?

## 핵분열을 이용한 핵에너지

여러 가지 위험 요소에도 불구하고 고유가의 위협과 에너지 안보, 지구 온난화에 대비할 즉각적인 방법으로 세계 여러 나라는 지속적으로 핵발전소를 건설하였습니다. 우리나라도 과거 정부에서는 2035년까지 핵발전

비중을 50%까지 끌어올리겠다는 계획을 세웠습니다. 그러나 1986년 체르노빌 핵발전소 사고에 이은 2011년 일본 후쿠시마 핵발전소 사고로 인해 핵발전의 안전성에 대한 의문이 커지고 있습니다. 핵폐기물 처리장 부지 선정을 둘러싸고 지역 주민의 반대에 직면하는 등 핵발전에 대한 부정적 인식도 커지고 있고 말입니다. 그렇다면 핵발전은 어떻게 일어날까요?

매우 느린 중성자를 우라늄-235[9]의 원자핵에 충돌시키면 바륨-141과 크립톤-92로 분열되면서 3개의 중성자와 약 $3.5 \times 10^{-28}$kg의 질량 결손으로 200MeV의 에너지가 방출됩니다. 이때 발생한 3개의 중성자는 각각 이웃한 우라늄의 원자핵에 충돌하여 같은 핵반응을 일으켜 연쇄적인 핵분열이 진행됩니다. 이러한 과정을 연쇄 반응이라고 합니다.

1g의 우라늄-235 속에는 약 $10^{21}$개의 원자핵이 있으므로 1g이 모두 핵분열하면 대략 $10^{10}$J의 에너지가 방출됩니다. 핵발전소에서는 물론이고 원자폭탄도 이와 같은 핵분열 연쇄 반응을 이용하여 에너지를 얻습니다. 원자폭탄은 순도를 95%까지 농축시킨 우라늄-235와 플루토늄-239를 사용하여 순식간에 핵분열 연쇄 반응을 일으켜 일시에 엄청난 에너지를 분출하게 합니다.

핵발전소에서는 우라늄-235를 2~4%로 농축한 연료를 사용하므로 일시적으로 폭발이 일어나지는 않습니다. 핵발전소에서 사용하는 원자로는 핵분열에서 생긴 중성자의 수를 적절히 조절하여 연쇄 반응을 서서히 진행시킴으로써, 핵분열 과정에서 발생하는 열에너지의 양을 조절할 수 있

---

9 동위원소 표지법. 원자 번호 92에 해당하는 92개의 양성자를 가진 우라늄은 중성자 수에 따라 질량수 (양성자 수+중성자 수)가 234, 235, 238인 동위원소가 존재한다. 같은 우라늄이라도 동위원소가 여러 개이므로 질량수를 함께 읽는다.

10 경수($H_2O$)보다 중성자 하나를 더 가지고 있어 무거운 물이다.

도록 설계한 장치이지요. 매우 느리게 운동하는 중성자만이 핵분열을 일으키므로 원자로에서는 중성자의 속도를 떨어뜨리기 위하여 흑연이나 중수(重水)[10]를 사용하는데, 이것을 감속재라고 합니다.


## 핵발전이 나아갈 미래는?

과학자 중에도 어떤 이들은 핵발전에 우호적인 반면 어떤 이들은 비관적입니다. 이렇게 의견이 갈리는 이유는 무엇일까요?

핵발전의 필요성을 지지하는 사람들은 신재생 에너지가 화석 연료를 대체하여 전기를 공급하기에 충분하지 않으며, 화력 발전소를 실질적으로 대체하기 위해서는 더 많은 핵발전소를 건설해야 한다고 말합니다. 이들은 핵반응이 열을 발생시키는 과정에서 이산화 탄소를 만들어내지 않기 때문에 지구 온난화 완화에 도움이 된다고 주장합니다. 또한 아주 적은 양의 우라늄만으로 원자로를 가동하기 때문에 안정적이고 지속적으로 전력 생산을 할 수 있다고 주장합니다.

핵발전에 반대하는 진영이 주장하는 주된 문제는 방사성 폐기물에서 방출되는 방사선입니다. 특히 방사선 중 고에너지 전자기파인 $r$(감마)선은 투과력이 좋아 인체의 세포를 변형시키거나 파괴하여 암 같은 심각한 질병을 일으키는 것은 물론이고 곧바로 죽음에 이르게도 합니다. 그런데 발전 과정에서 생겨나는 방사성 폐기물들은 수천 년 동안 방사선을 방출할 수 있는 방사능을 가지며, 안전하게 폐기하기가 어렵습니다.

또한 핵분열이라는 과정이 이산화 탄소를 만들어내지 않고 핵발전이 무탄소 에너지 생산 방식이기는 하지만, 우라늄을 광산에서 캐낼 때와 반응로 안에서 사용될 연료봉으로 만들어지는 과정에서 많은 이산화 탄소가 발생하기 때문에 이산화 탄소로부터 완전히 벗어날 수는 없다고 주장합니다. 여러분은 어느 쪽의 주장이 더 설득력 있다고 생각하나요?

핵발전에 대한 의존도가 가장 높은 나라는 프랑스로 2017년에 75%에 이르는 전력을 핵발전으로부터 얻었습니다. 우리나라 역시 핵발전에 대한 의존도가 높은 편이어서, 전체 발전량의 25~35% 정도를 차지하고 있습니다. 1978년 고리 1호기에서 발전을 시작한 이래 고리, 영광, 월성, 울진에 20여 기의 핵발전소를 운영해 왔습니다. 현재에도 여러 기의 핵발전소가 건설되고 있거나 건설 예정입니다.

충분한 에너지가 공급되지 않으면 개개인의 삶의 질이나 산업의 생산성을 유지하기가 쉽지 않습니다. 이 때문에 쉽게 해결할 수 없는 여러 가지 문제에도 불구하고 에너지 소비가 많은 선진국을 비롯한 많은 나라가 여전히 핵에 의존하고 있는 것입니다.

그런 가운데 독일은 2011년 5월에 핵발전을 포기하겠다고 선언하고 운영 중이던 17기의 발전소 중 8기를 즉각 폐쇄했습니다. 나머지 핵발전소들도 2022년까지 완전히 문을 닫을 계획입니다.

독일은 비교적 이른 시기에 핵발전을 시작하여 최근까지 25%가량의 전력을 핵발전에 의존했는데, 근래에는 태양광 발전을 비롯한 신재생 에너지 기술에 많은 투자를 하고 있습니다. 에너지 가격 상승과 경제에 미칠 수 있는 악영향에 대한 우려가 없는 것은 아니지만, 핵발전 포기 선언이 자국 내 신재생 에너지 산업 발전에 큰 힘이 되고 있는 것도 사실입니다.

일본 후쿠시마 핵발전소 사고처럼 방사성 물질이 누출될 경우 여러 경로를 통해 이웃한 나라로 전달될 수 있기 때문에 가까운 나라의 핵발전

상황은 주변국에게도 관심의 대상입니다. 우리나라의 인접국인 일본은 50기가 넘는 핵발전소를 운영하고 있고, 무서운 속도로 에너지 수요가 늘고 있는 중국도 아직은 우리나라보다 핵발전 양은 적지만 현재 건설 중이거나 계획된 핵발전소가 70여 기에 이르며 검토 중인 것만도 100기가 넘습니다. 우리 주변국들의 핵발전소 건설에 어떠한 대처가 필요할까요?

## 태양열로 전력을 생산하다

태양 에너지를 이용한 전력 생산 방식은 크게 태양열 집열판을 이용한 태양열 발전과 태양 전지를 이용한 태양광 발전으로 나눕니다. 반도체인 태양 전지와 다르게 태양열 집열판은 열을 흡수하는 집열 박스와 열을 전달하는 진공관 등으로 구성되어 있습니다.

주로 주택의 지붕 위에 설치하여 사용하던 태양열 집열판은 가정에 난방과 온수를 공급하는 데 유용하게 쓰였지만, 태양열 발전소에서는 넓은 면적에 설치된 여러 개의 거울을 이용해 태양열을 한곳으로 모아 집중된 에너지로 전기를 만들어냅니다.

대표적인 태양열 발전 방식인 중앙 타워형 집열 발전은 수많은 커다란 거울들이 태양의 움직임에 따라 각도를 조절하며 솔라 타워라는 높은 탑 위에 설치된 집열기에 태양열을 반사시켜 모읍니다. 이때 집열기의 온도는 600℃에 이르는데, 이 열을 열교환기를 통해 보일러로 전달하여 물을 끓이고 증기를 발생시켜 증기 터빈을 돌립니다.

태양열 발전에는 북아프리카나 중동처럼 적도를 중심으로 남쪽이나 북쪽에 가까운 뜨거운 사막 지역이 최적의 장소가 될 수 있습니다. 이들

캘리포니아 이반파 태양열 발전소

지역은 다른 어느 곳보다 훨씬 강렬한 태양열을 받고 있을 뿐 아니라 넓은 면적을 확보할 수 있어서 태양열 발전에 필요한 공간을 쉽게 얻을 수 있습니다. 이 외에도 미국 캘리포니아주의 모하비 사막에 있는 이반파 (Ivanpah) 태양열 발전소에서는 오래전부터 큰 규모로 전력을 생산해 오고 있으며 미국의 네바다주, 오스트레일리아 그리고 스페인 남부 지역 등에도 태양열 발전소가 지어지고 있습니다.

태양열 발전은 밤에 발전을 할 수 없기 때문에 천연가스, 화력 발전소와 함께 짓거나 잉여의 열을 저장할 수 있는 축열 시스템을 갖춥니다. 또한 폐열은 바닷물을 담수로 만드는 데 사용하기도 하는데, 물이 필요한 사막 지역에서 특히 유용합니다. 태양열 집열판을 설치하기 위해 넓은 땅이 필요하다는 것이 단점이지만 사막에서는 이것이 별 문제가 되지 않는데다가 오히려 담수화로 얻은 농업 용수와 태양열 집열판으로 인해 생기는 그늘을 사용하여 사막에서 작물을 재배할 수도 있습니다.

# 태양광을 전기로 바꾸는 태양 전지

증기 터빈을 돌릴 수 있는 고온의 증기를 만들어내기 위해 햇빛을 한곳으로 모아야 하는 집열식 태양열 발전과 달리, 태양광 발전은 태양 전지(solar cell)를 이용하여 햇빛을 바로 전기로 바꿉니다.

태양광 발전은 우주 공간에서 인공위성이나 우주정거장 등에 에너지를 공급하기 위해 이미 오래전부터 사용했고, 대규모 전력 생산을 위한 태양광 발전소 또는 개별적 발전을 하는 주택이나 빌딩에서도 활발히 사용합니다. 가까운 미래에는 태양광 발전이 전력 생산 방식으로 일반화될 것으로 기대하고 있습니다.

태양광 발전의 핵심은 광기전력(전압)을 만드는 태양 전지입니다. 1839년에 프랑스의 물리학자 에드몽 베크렐은 전기 분해 실험을 하다가 전해질 속에 담긴 전극에 빛을 쐬었을 때, 작은 전류가 흐르는 것을 알아채고 태양 전지의 기본 원리인 광전 효과(photoelectric effect)를 발견했습니다. 1887년 헤르츠가 금속 표면에 빛을 비추면 전자가 방출되는 광전 효과를 설명하기 위해 실험 장치를 고안 및 제작하고, 1905년 아인슈타인이 광양자설로 광전 효과를 설명하면서부터 빛을 이용해 전기를 만드는 연구가 활발히 진행되었습니다. 그로부터 45년이 지난 1950년에 드디어 태양 전지가 발명되었지요.

태양 전지는 p형 반도체와 n형 반도체를 접합해서 만든 반도체입니다. 반도체 물질은 격자 구조가 가지런히 잘 정렬되어 있으면 손실을 줄이는 데 유리하기 때문에 결정질 실리콘으로 만들어진 태양 전지는 효율이 높은 편입니다. 이 때문에 좁은 면적에서 많은 전력을 생산해야 하는 대규모 태양광 발전소에서는 비교적 높은 가격에도 불구하고 결정질 태양 전

## 태양 전지란 무엇일까?

**1. 구성 :** 실리콘 반도체로 되어 있고 두 겹의 p형과 n형 반도체를 접합해서 만든다. 햇빛이 닿는 윗면이 n형 반도체이고 아랫면이 p형 반도체다.

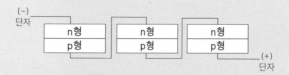

**2. 전압과 전류 :** 크기가 10cm×10cm인 것은 전압이 약 0.5V, 전류가 약 3A 정도인 전기를 얻을 수 있다. 이것을 2분의 1로 자르면 전류는 2분의 1(1.5A)로 줄어들고, 4분의 1로 자르면 전류도 4분의 1(0.75A)로 줄어든다. 즉, 전류의 세기는 태양 전지의 표면적에 비례한다. 그러나 전압은 거의 변하지 않고 일정하며, 필요한 전압과 전류를 얻기 위해서는 태양 전지 여러 개를 직·병렬로 연결해야 한다. 오른쪽 그림처럼 이렇게 태양 전지를 여러 개 합쳐서 만든 판을 태양 전지 모듈이라고 한다.

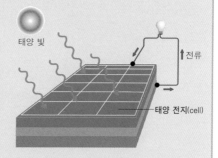

**3. 원리 :** 태양 전지에 햇빛이 비치면 p-n 접합면에서 전자(−)와 양공(+) 쌍이 생성되어 전자는 n형 반도체 쪽으로 이동하고 양공은 p형 반도체 쪽으로 이동한다. 그리고 전자는 도선을 따라 p형 반도체 쪽으로 이동하는데, 이러한 전자의 흐름에 의해 전류가 흐른다.

## 4. 특징 :

– 일정한 전력을 얻을 수 없기 때문에, 직접 기계에 사용하는 경우 충전지에 충전하여 사용해야 한다.

– 태양 전지의 전압이 충전지의 전압보다 높아야 충전이 잘 된다.

– 태양 빛이 가장 좋은 전압을 발생시키고 백열등도 전압 발생이 가능하지만 형광등을 이용하는 경우 낮은 전압을 발생시키며 충전 시간을 줄이기 위해서는 태양 전지 개수를 늘리고 병렬로 연결해서 전류를 증가시켜야 한다.

– 태양 전지의 단점 중 하나는 값이 비싸다는 것이다. 태양광 발전을 활성화하기 위해서는 값싸고 효율이 높은 태양 전지가 필요하다.

지를 주로 사용하고 있습니다.

반면에 비정질의 실리콘을 아주 얇은 막의 형태로 만든 실리콘 박막 태양 전지는 비록 효율에서는 만족할 만한 수준이 아니더라도 훨씬 적은 재료를 사용하여 저렴하게 만들 수 있다는 강점이 있습니다. 얇기 때문에 가볍고 휘어지기도 하는 박막 태양 전지는 실리콘 이외에 여러 원소가 섞인 화합물 반도체를 이용하여 만들기도 합니다.

반도체의 p-n 접합을 이용하지 않는 태양 전지도 있습니다. 염료감응 태양 전지는 식물의 잎에서 일어나는 광합성의 일부 과정을 응용하여 전기를 만들어냅니다. 염료감응 태양 전지는 염료에 따라 다양한 색깔 구현이 가능하고 투명하기 때문에 도시의 건물 벽과 유리창에 설치하여 건물의 발전 시스템으로 적합합니다. 또 가격이 상대적으로 저렴해서 수명과 효율이 향상된다면 미래의 중요한 에너지원으로 기여할 것입니다.

태양광 발전은 태양 전지 못지않게 햇빛의 세기와 비치는 시간이 중요합니다. 우리나라에는 어떤 지역이 태양광 발전에 적합할까요?

구름이나 공기 오염 정도에 영향을 받기 때문에, 1년간 햇빛이 비치는 평균 시간이 최대인 곳이 연평균 1일 지표면에 도달하는 태양 에너지의 양이 최대인 곳과 일치하지는 않습니다.

최근 연구 결과에 따르면 국내에서 태양광 발전에 가장 적합한 장소는 남해안 중서부 지방과 태안반도 일대인 것으로 나타났습니다. 상대적으로 대기 오염이 심각한 서울 등 대도시 지역과 공단 지역에서는 효율이 낮은 것으로 조사됐는데, 기술적으로 이용 가능한 잠재량은 전라남도, 경상북도, 충청남도 순으로 나타났습니다.

## 바람의 운동 에너지를 이용한 풍력 발전

모든 움직이는 물체는 운동 에너지를 가지고 있습니다. 공기의 움직임인 바람은 유체(流體)라고 하지만 크기가 있는 물체와 마찬가지로 운동 에너지를 가지며, 이는 다른 형태의 에너지로 바꾸어 쓸 수 있는 훌륭한 에너지 자원입니다.

사람들은 오래전부터 바람을 이용해 왔습니다. 기원전 200년경 페르시아와 중동에서는 풍차를 이용하여 곡식을 빻았고, 중국에서는 물을 퍼 올렸습니다. 11세기 중동 사람들은 풍차를 이용하여 식량을 생산했으며, 독일인들은 풍차를 개량하여 호수와 라인강 삼각주의 물을 빼는 데에 이용했습니다. 지금은 새로운 형태의 풍차인 풍력 발전기가 등장하여 이산화 탄소를 배출하지 않으면서도 고갈되지 않는 에너지를 제공하고 있습니다.

바람을 이용하여 전기를 생산하는 풍력 발전기의 효시는 1891년 덴마크의 폴 라 쿠르(Poul La Cour)가 개발한 풍력 발전기로 가정용과 산업용 전기를 생산하는 데 사용했습니다. 그 이후 증기기관의 발달로 인해 풍차는 쇠퇴의 길을 걷다가 오늘날 다시 중요성이 강조되고 있습니다.

풍력 발전기는 여러 모양이 있지만, 가장 일반적인 형태는 블레이드(blade)라 부르는 3개의 긴 날개가 허브에 연결되어 높은 타워 위에서 회전하는 형태입니다. 수 메가와트(MW)의 전기를 생산할 수 있는 대형 풍력 발전기는 크기도 아주 커서 날개 하나가 100미터를 훨씬 넘는 것도 있습니다. 회전하는 날개가 허브 안쪽에 있는 회전축을 돌리고, 발전 장치가 이 회전 운동으로부터 전기를 만들어냅니다.

바람의 세기와 방향이 바뀌어도 걱정 없습니다. 허브 안에 설치된 컴퓨터가 바람의 세기와 방향을 감지하여 적절한 힘과 속도의 회전 운동을 얻기 위해 날개의 방향과 각도를 조절하기 때문입니다. 만약 바람이 너무 강하게 불면 날개의 속도를 늦추어 장치가 손상되지 않도록 보호합니다.

풍력 발전기는 크기가 다양합니다. 지붕 위에 설치할 수 있을 정도로 작은 것도 있고, 바람 농장이라고 불리는 풍력 단지에 세우는 아주 큰 것도 있습니다. 작은 풍력 발전기는 가정이나 빌딩에 설치하여 사용하기에 적당하며, 그보다 작은 것은 겨우 전등 몇 개 켤 수 있을 정도의 전기만을 생산할 수 있습니다.

반면에 대형 풍력 발전기는 수천 가구에 전기를 공급할 수 있는 수 메가와트의 전력을 생산할 수 있는데, 날개가 길수록 발전기의 효율이 높아지기 때문에 발전기가 클수록 좁은 지역에서 더 많은 전기를 만들어낼 수 있습니다.

농부들이 들판에서 곡식을 거두어들이듯이 바람으로부터 에너지를 수

### 풍력 발전기의 날개는 왜 3개일까?

풍력 발전기의 구성 요소는 바람의 힘을 운동 에너지로 바꾸는 날개(블레이드)와 기어 박스, 발전기가 포함된 나셀, 그리고 타워로 나눌 수 있다. 블레이드는 일반적으로 3개가 모여 로터를 구성하며 이 로터의 중심축은 나셀의 기어 박스에 연결되어 날개와 함께 회전한다. 기어 박스는 바람의 세기가 계속 변하는데다 날개의 회전 속도가 발전을 하기에 너무 느리므로 안정적인 발전을 위해 꼭 필요하다. 그러나 최근에는 기어 박스 없이 블레이드의 회전 수로만 전력을 생산하는 풍력 발전기도 개발되어 사용되고 있다.

그런데 풍력 발전기의 날개가 3개인 이유는 무엇일까? 날개가 2개 또는 4개인 풍력 발전기는 없다. 날개가 4개 이상이면 발전량은 증가하지만 무게 때문에 오히려 효율은 떨어진다. 50m 길이의 날개 하나는 무게가 약 10톤인데 이 경우 30톤의 날개 무게와 70톤의 나셀 무게를 100m가 넘는 타워가 견뎌야 하기 때문에, 날개가 3개를 넘으면 발전량에 비해 설비 비용이 많이 든다. 날개가 2개면 3개인 경우와 발전 효율이 비슷하지만, 안정성을 위해 3개를 설치한다.

풍력 발전기의 크기는 설치 장소와 용도에 따라 차이가 나며, 날개의 크기에 따라 발전 용량에도 큰 차이가 있다. 발전용 풍력 발전기는 적게는 수 kW에서 많게는 수 MW의 전기를 발생할 수 있다. 1MW의 용량은 일반적으로 1,000가구에 전력을 공급할 수 있는 규모다.

최근에는 날개의 소재로 탄소섬유가 사용되면서 날개 길이만 100m가 넘는 풍력 발전기도 등장하고 있다. 이러한 풍력 발전기는 최대 발전 용량이 12MW나 되며 1만 2,000가구에 전력을 공급할 수 있다고 하니, 실질적인 화석 연료 대체 효과를 기대할 수 있을 것이다.

확한다는 의미로, 사람들은 흔히 풍력 발전 단지를 바람 농장이라고 부릅니다. 바람 농장은 여러 개의 풍력 발전기로 이루어져 있는데, 적게는 10개 미만, 많게는 수백 개에 이릅니다.

물론 풍력 발전기는 바람이 불어야만 전기를 생산할 수 있기 때문에, 바람 농장은 1년 내내 강한 바람이 꾸준히 부는 곳에 건설해야 합니다. 그래서 풍력 발전기는 언덕 위나 해안가에 세우는데, 그중 가장 적합한 장소가 연안의 바다 위입니다. 연안의 해상에는 바람이 세고 꾸준하게 불어서 매우 큰 풍력 발전기를 설치할 수도 있습니다.

이러한 해상 풍력은 넓은 부지 확보가 가능하고 상대적으로 민원이 적어 풍력 단지의 대형화가 가능합니다. 그뿐 아니라 바람의 품질이나 풍속이 양호하여 풍력 발전기의 안전성과 효율성 측면에서도 유리하고 설비의 대형화 추세에도 적합하다는 장점이 있습니다. 반면 육상 풍력에 비하여 경제성이 낮고, 설치와 운전, 유지 및 보수에 어려움이 있다는 단점이 있습니다.

우리나라의 풍력 발전은 아직 초기 단계로, 2015년 기준으로 835MW의 전력을 생산하고 있습니다. 이는 우리나라 총 발전량의 약 0.1%에 해당합니다. 총 발전량의 10~20%를 풍력 발전이 차지하는 덴마크, 포르투갈, 스페인, 독일 등에 비해 매우 적은 비율입니다.

우리나라는 중공업, 철강, 건설, 발전 설비 등 풍력 발전 관련 산업 기반과 해상 풍력 관련 기술인 조선, 해양 토목·건설, 전기, IT 등 기술력이 우수하여 선진국과의 기술 격차가 줄고 있는 추세입니다. 아직 풍력 발전 경험이 부족한 탓에 국산화율이 10% 정도에 불과하지만, 2020년까지 세계 3대 해상 풍력 강국 실현을 목표로 서남해에 2.5GW의 대규모 해상 풍력 발전 단지를 건설하고 있습니다.

## 화석 연료를 대체할 수 있을까?

발전량으로만 비교한다면 핵발전을 제외하고 태양광 발전과 태양열 발전 그리고 풍력 발전만으로 화력 발전을 대체하기란 쉽지 않아 보입니다. 다만 화석 연료의 고갈 이후를 대비한다는 측면에서 뾰족한 대안이 없으므로 실질적인 대체 효과를 얻기 위해서 꾸준한 연구·개발이 필요한데, 지금 그 과정에 있는 것이지요.

태양광 발전, 풍력 발전을 확대해 나가야 하는 이유는 또 있습니다. 바로 이산화 탄소 배출이 지구 환경에 미치는 영향입니다. 이산화 탄소 배출 증가는 온실 효과를 심화시켜 기후에 중대한 영향을 끼치고 있습니다. 2015년 국제원자력기구(IAEA)의 발표에 따르면 kWh당 이산화 탄소 배출량은 석탄 화력 발전이 991g, 석유 화력 발전이 782g입니다. 그러나 핵발전은 10g, 풍력 발전은 14g으로 이산화 탄소를 거의 배출하지 않는 수준이고 태양광 발전도 54g에 불과합니다.

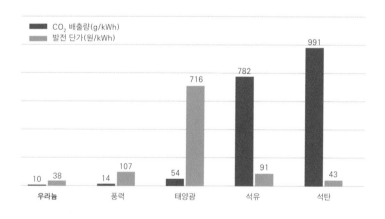

출처: $CO_2$ 배출량(IAEA, 2015) / 발전 단가(전력통계정보시스템, 2015)

**에너지원별 이산화 탄소 배출량 및 발전 단가**

### 나무는 이산화 탄소를 얼마나 흡수할까?

국립산림과학원은 기후 변화 협약이 지정한 국제표준방법에 따라 전국 3212 군데 숲을 조사하고 나무의 이산화 탄소 흡수 지표를 작성했다. 이 지표는 소나무, 잣나무, 상수리나무 등 우리나라 산림을 이루는 8개 주요 수종의 나무 나이에 따른 연간 단위 면적당 이산화 탄소 흡수량과 1그루당 수량, 배출된 이산화 탄소 1톤을 상쇄하기 위해 심어야 할 나무 수 등에 대한 국가 표준을 담고 있다.

숲의 탄소 흡수량에서 배출량을 뺀 나머지 탄소가 나무에 고정돼 생장에 이용되는 데 착안한 이 지표를 적용하면 숲 1ha(헥타르)는 매년 10.8톤의 이산화 탄소를 흡수한다. 따라서 축구장 크기(0.68ha)의 30년생 소나무 숲은 매년 1만 6500km를 주행하는 승용차 3대가 배출하는 온실 가스를 흡수하는 셈이다.

또한 30년생 소나무 10그루는 승용차로 서울에서 부산까지 갈 때 배출되는 양만큼 이산화 탄소를 빨아들인다. 이 지표에 따르면 승용차 1대가 1년 동안 배출한 온실 가스를 상쇄하는 데 어린 소나무 17그루가 필요하다. 승용차 사용 빈도를 10% 줄인다면 매년 소나무 1.7그루를 심는 것과 같은 효과를 볼 수 있는 것이다.

즉, 화력 발전을 해상 풍력 발전으로 대체할 경우 1MW 풍력 발전기 1대가 연간 1,160.3$tCO_2$[11]의 이산화 탄소 배출 저감 효과가 있으며 육상 풍력은 1MW 발전이 연간 889.5$tCO_2$, 태양광 발전은 연간 502.8$tCO_2$의 이산화 탄소 배출 저감 효과가 있습니다.

---

11 $tCO_2$은 이산화 탄소 톤이라 읽고, 1$tCO_2$은 경유 약 400리터를 사용했을 때 $CO_2$ 배출량이다.

우리에게 필요한 것이 전기 에너지만은 아닐 것입니다. 인류에게는 지구 환경이 안정적으로 유지되는 것이 더 중요합니다. 연료의 선택과 사용에 있어 이 부분을 간과한다면 전기 에너지를 바탕으로 이룩한 모든 것을 잃을 수도 있기 때문입니다.

**프로젝트 하기**

**조사 활동** 우리 집 태양광 발전 시뮬레이션

서울시는 2020년까지 도시 전력 자급률 20%를 목표로 서울 시내 주요 건물의 옥상 및 지붕에 태양광 발전소를 설치하는 '햇빛 도시'를 추진하고 있다. 그 일환으로 아파트 등 개별 건물에서 확보할 수 있는 태양광 에너지를 시뮬레이션할 수 있는 '햇빛지도(서울 외 지역은 '해줌')'를 운영하고 있다. 이를 이용해 우리 집에서의 태양광 발전을 시뮬레이션해 보자.

1. 태양광 발전 시뮬레이션 햇빛지도 또는 해줌에 접속해 다음 순서로 시뮬레이션한다.
   – 지도상에서 건물별 태양광 에너지 분포 확인
   – 특정 건물 선택 및 건물 내 임의 면적 그리기
   – 시뮬레이션 환경 설정
   – 시뮬레이션을 통한 태양광 발전량 계산
   – 시뮬레이션 결과 및 그래프 도출

2. 태양광 입사량, 연간 전기 생산량, 이산화 탄소 감소량, 비용 절감액 그리고 월별 전기 생산량을 조사해 보자.

# 5 신재생 에너지는 미래의 에너지가 될 수 있을까?

(!) 신재생 에너지, 연료 전지, 파력 에너지, 조력 에너지, 풍력 에너지, 적정 기술

'2021년 3월 우리나라의 온실 가스 배출량 정산 대상 기업들은 비상이 걸렸습니다. 2021년 3월 말까지 기업마다 2018~2020년 온실 가스 배출량을 정부에 보고 후 정산해야 합니다. 정산 후 기업들은 온실 가스 배출권을 시장에서 사거나 2021년 할당된 온실 가스 배출권을 당겨쓰는 식으로 부족분을 채워야 합니다. 이를 지키지 못한 기업은 막대한 벌금을 물거나 영업정지 같은 엄격한 제재를 당하게 됩니다……'

이는 실제로 일어난 일은 아닙니다. 다만 2012년 5월 「온실 가스 배출권의 할당 및 거래에 관한 법률」이 제정된 이후 기업에 발생할 수 있는 일을 예상한 이야기입니다. 우리나라는 2014년 12월 23개 업종 520여 개 업체에 온실 가스 배출권을 할당하여 2015년 1월 1일부터 온실 가스 배출권 거래제를 시행하고 있습니다. 유엔의 「IPCC 5차 보고서」에 따르

면, 현재와 같은 속도로 온실 가스가 배출된다면 21세기 말까지 기온이 3.7℃ 이상 오르며, 해수면이 63cm 상승하는 재앙이 발생할 것으로 예견됩니다. 그러므로 이를 방지하기 위해 2100년까지 기온 상승을 2℃ 미만으로 억제해야 한다고 경고했습니다.

인류의 문명을 지속시키기 위해서는 파력, 조력, 연료 전지 등과 같은 신재생 에너지 개발을 통해 에너지 문제를 해결하는 노력이 필요합니다. 이번 장에서는 신재생 에너지가 미래의 에너지 문제를 해결할 수 있는지에 대해서 알아보도록 합시다.

## 미래를 밝힐 신재생 에너지

강원도 영월에 가면 태양광 발전 시설을 볼 수 있습니다. 다른 지역의 태양광 발전 시설에서 사용하는 고정식 모듈 대신 태양을 따라 움직이는 추적식 모듈로 설비를 갖추고 일조량 변화에 따라 모듈이 자동으로 움직이도록 했기 때문에 발전 시간과 효율이 뛰어나다고 합니다.

앞으로 우리나라 전 지역에 걸쳐서 태양광 발전 시설을 갖출 예정입니다. 지금까지는 태양광 발전 시설을 내륙이나 바다를 매립한 매립지 등 육지에 설치했지만, 앞으로는 수상 태양광 발전 시설을 설치할 계획도 가지고 있습니다. 수상 태양광은 물 위에 설치해 그늘이 없고 모듈 냉각이 잘 돼 지상보다 10% 이상 많은 발전량을 얻을 수 있는 장점이 있습니다.

태양광 발전 시설의 에너지원인 빛에너지는 기존 화석 연료 에너지원보다 자연 친화적이어서 미래 에너지원으로 손색이 없습니다. 이와 같이 화석 연료의 문제점을 인식하고 대안으로 개발한 미래 에너지, 자연에서 손쉽게 얻을 수 있는 새로운 에너지를 신재생 에너지라고 합니다.

신재생 에너지란 액화 석탄, 수소 에너지 등 '신에너지'와 동식물의 유기물, 햇빛, 바람, 물, 지열 등을 이용한 '재생 가능한 에너지'를 통합해 지칭합니다. 우리나라에서는 3개 분야의 신에너지와 8개 분야의 재생 에너지를 신재생 에너지로 규정하고 있습니다. 신에너지에는 연료 전지, 석탄 액화 가스화, 수소 에너지가 포함되고, 재생 에너지에는 태양열·태양광 발전, 바이오매스, 풍력, 소수력(산간벽지의 작은 하천이나 폭포수의 낙차를 이용한 발전), 지열, 해양 에너지, 폐기물 에너지가 포함됩니다.

신에너지인 연료 전지와 수소 에너지는 최근 자동차의 연료로도 이용 중입니다. 수소를 전극의 반응물로 사용하여 전기 에너지를 얻는 '연료 전지 차'나 수소를 직접 태우는 '수소 엔진 차' 모두 자동차를 움직이는 데 수소를 에너지원으로 사용합니다. 인류가 수소를 에너지원으로 기대하는 주된 이유는 수소를 태운 후 발생하는 물질이 깨끗하고, 수소를 태워 얻은 에너지를 이용하여 지구에 대량으로 존재하는 물로부터 다시 수소를 얻을 수 있어 에너지 순환이 쉽기 때문입니다.

태양광이나 풍력 및 수력 등 깨끗한 자연 에너지도 많지만 이러한 에너지는 수소 에너지에 비해 안정적으로 얻을 수 없다는 단점이 있습니다. 또한 전기 에너지는 다양한 방법으로 만들 수 있지만 전지에 대량으로 모으기 어렵기 때문에, 지금으로서는 지구에 기본적으로 만들어진 것부터 사용할 수밖에 없습니다.

물을 전기 분해하여 수소 에너지를 얻는 방법 이외에 수소 에너지를 얻을 수 있는 또 다른 방법이 있습니다. 땅에 매립된 쓰레기로부터 수소를 가공하는 방법이 그것입니다. 이 방법은 우리나라에서 세계 최초로 개발했는데, 땅에 매립된 쓰레기에서 뽑아낸 주요 기체인 메테인과 이산

### 바이오매스란 무엇일까?

바이오매스(Biomass)는 태양 에너지를 받아 유기물을 합성하는 식물체와 이들을 식량으로 하는 동물, 미생물 등 모든 생물 유기체를 포함하는 말이다. 바이오매스는 살아 있는 것에 국한하여 생물 현존량 또는 생물량이라고도 한다. 그러나 최근 바이오매스는 생사에 무관하게 폭넓은 의미로 사용하고 있다. 바이오매스 자원으로는 곡물, 감자류, 나무, 볏짚, 사탕수수, 사탕무, 가축의 분뇨, 사체와 미생물, 음식물 쓰레기 등이 해당한다.

화 탄소로부터 기술적인 처리 과정을 거쳐 높은 순도의 수소 에너지를 얻습니다.

서울 난지도 월드컵경기장 안에 설치된 수소 스테이션을 본 적이 있나요? 난지도에 매립된 쓰레기로부터 발생하는 기체는 최소 10년 이상 사용할 수 있는 양으로 추정하고 있습니다. 우리가 버리는 쓰레기도 미래에는 에너지 자원으로 활용할 수 있다는 사실이 놀랍지 않나요?

재생 에너지인 태양 에너지는 태양광 에너지와 태양열 발전으로 크게 이용되고 있으며, 바람을 이용하는 풍력 에너지는 육지는 물론 바다에서도 유용한 발전을 하고 있습니다. 수력 에너지는 주로 작은 규모의 하천이나 농업용 수로 등에 설치한 중소수력 발전을 이용하여 얻는 에너지를 의미합니다.

바이오 에너지는 생물에서 추출한 유기물 등 바이오매스를 태워서 열과 빛을 얻거나 가공하여 연료 형태로 만든 에너지를 말하며, 폐기물 에너지는 가정이나 산업 시설 등에서 발생되는 가연성 폐기물 중 에너지 함량이 높은 폐기물을 연료로 재사용할 수 있는 에너지를 말합니다.

지열 에너지는 지구 내부의 열을 이용하는 것으로, 주로 온천이나 화산 지역 등에서 활용이 가능합니다. 지열 발전의 원리는 고온의 지하수나 수증기를 끌어올려 그 열로 터빈을 돌려서 전기 에너지를 생산하는 것입니다. 터빈을 돌리고 나온 지하수나 증기는 찬물을 데우거나 실내 난방을 하는 데 쓰입니다.

해양 에너지는 지구의 70%를 차지하는 바다를 이용합니다. 바다는 조력, 파력, 온도 차, 해류, 염분 차이 등을 이용하여 에너지를 생산할 수 있는 잠재력을 가지고 있습니다. 해양 에너지는 파도가 가지고 있는 에너지로 발전하는 파력 발전, 조수의 빠른 흐름을 이용하여 발전하는 조력 발전, 해류 안에 수차를 설치해 발전하는 해류 발전, 해수면과 심해의 온도 차를 이용하여 발전하는 해양 온도 차 발전 등이 있습니다.

## 연료 전지, 화학 에너지를 전기 에너지로 바꾸다

현재 도로에서 운행 중인 자동차 중에 뒷면 우측에 조그맣게 'hybrid(하이브리드)'라고 적혀 있는 자동차가 있습니다. 하이브리드 자동차란 무엇일까요?

하이브리드 기술은 두 가지 이상의 기술을 접목했다는 뜻인데, 하이브리드 자동차는 기존의 가솔린 엔진과 배터리를 접목한 자동차를 말합니다. 자동차 시동을 걸 때나 저속 주행을 할 때에는 배터리에 연결된 전기 모터로 움직이고, 액셀러레이터를 밟아 속도를 올릴 때는 가솔린 엔진이 작동하여 동력을 만듭니다.

자동차가 달릴 때 달리던 힘에 의해 전기 모터가 돌아가고, 여기서 발생한 전기 에너지는 배터리에 저장돼 나중에 다시 동력원으로 쓰입니다. 자동차가 정지하면 기존 자동차들은 계속 엔진이 돌아 연료를 낭비하지만, 하이브리드 자동차는 엔진과 모터 모두 가동을 중단하여 에너지를 낭비하지 않습니다. 따라서 기존 가솔린 엔진 자동차보다 효율성이 높고 배기가스도 30% 이상 줄일 수 있습니다.

하이브리드 자동차 개발 이후에 사람들이 관심을 갖고 개발에 박차를 가한 자동차 동력원은 전기 에너지와 배터리입니다. 전기 자동차는 현재 상용화가 되었지만 충전소가 흔치 않고, 충전 시간도 오래 걸리는 등 몇 가지 문제점이 있습니다. 전기 자동차에 비해 배터리 전용 자동차 개발은 아직도 갈 길이 멀지요. 배터리 전용 자동차의 에너지원으로 관심을 갖고 개발에 적용하고 있는 것은 바로 연료 전지입니다.

신에너지인 연료 전지는 자동차는 물론 가정용·공업용 발전 설비에 적용되고 있습니다. 연료 전지는 (-)극과 (+)극에서 서로 다른 연료로 화학 반응시켜 화학 에너지를 전기 에너지로 전환하는 장치입니다. (+)극에서 사용하는 연료는 공통적으로 산소이고, (-)극에서 사용하는 연료는 수소나 메탄올, 프로페인 등으로 다양한데, (-)극에서 사용하는 연료에 따라 연료 전지의 이름이 달라집니다.

예를 들어 (-)극에서 수소를 사용하면 수소 연료 전지라고 부르고, 메탄올을 사용하면 메탄올 연료 전지라고 부르는 식입니다. 일반적으로 많이 사용하는 수소 연료 전지의 경우 (-)극에서는 수소의 산화 반응이 일어나고, (+)극에서는 산소의 환원 반응이 일어나며 이러한 산화 환원 반응 과정에서 전기 에너지가 만들어집니다.

연료 전지에서 산화 환원 반응 후 발생하는 생성물은 오직 물뿐입니다.

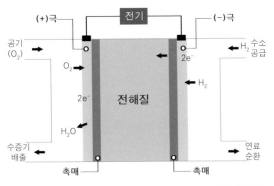

$(-)$극 반응(산화 반응) : $H_2 \rightarrow 2H^+ + 2e^-$

$(+)$극 반응(환원 반응) : $\dfrac{1}{2} O_2 + 2H^+ + 2e^- \rightarrow H_2O$

전체 반응 : $H_2 + \dfrac{1}{2} O_2 \rightarrow H_2O$

**연료 전지 구조**

그러므로 전기 에너지를 만드는 동안 이산화 탄소 등 온실 가스가 발생하지 않아 지구 온난화에 영향을 미치지 않고, 생성물로 발생한 물은 별도의 여과 장치만 설치한다면 식수로 사용이 가능하다는 장점이 있습니다.

열효율 또한 높습니다. 연료 전지의 전체 반응은 수소의 연소 반응과 같으며 다른 물질의 연소 반응과 달리 수소의 연소 반응은 짧은 시간에 폭발과 함께 이루어지면서 열이 거의 발생하지 않고 불길이 없이 연소합니다. 따라서 기존 가솔린 엔진의 열효율이 40~50% 정도인 데 비해 연료 전지는 전기 에너지로 전환 시 열에 의한 손실이 25~30% 정도로 적어서 열효율이 70~75%로 매우 높습니다.

그러나 문제점도 없지는 않습니다. 초기 설비 투자 비용이 많이 들고, 연료인 수소 기체를 원활히 공급받는 데에도 어려움이 있습니다. 특히 수소 기체 저장 및 운반 과정에서 안정성 문제는 아직까지 큰 부담으로 남아 있습니다.

## 파력과 조력 에너지에서 전기 에너지로

파도를 이용하는 파력 발전은 해양 에너지를 이용합니다. 파도 때문에 해수면은 주기적으로 상하 운동을 하는데 이 운동 에너지를 회전 운동으로 바꾸어 발전기를 돌려 전기 에너지를 얻는 방식입니다. 파력 발전은 파도의 상황에 따라 발전량이 변하지만, 태양광 발전이나 풍력 발전에 비하면 변동 폭이 좁다는 장점이 있습니다. 그러나 발전 시설 설치 비용은 물론 유지 비용이 다른 발전에 비해 크다는 단점이 있습니다.

파력 발전 시설은 주로 방파제에 설치합니다. 방파제의 바다 쪽에 파도를 받는 판을 설치하면 판이 밀려서 진자처럼 왕복 운동을 합니다. 이 왕복 운동에 따라 나타나는 힘을 유압 펌프를 이용하여 발전기로 보내 전기를 얻습니다. 바다에 띄운 부표에 발전기를 실어 파도의 힘에 의해 상하 운동을 하면 그 움직임을 전기로 바꾸는 방식도 개발되고 있습니다. 현재 우리나라에서는 제주도에 500kW 용량의 시험 파력 발전소가 건립 중입니다.

우리나라에서 상업용으로 사용하는 유일한 해양 에너지인 조력 발전의 경우 수력 발전과 달리 많은 수량을 확보하기 위해 댐이나 보 등으로 막을 필요가 없고, 조수의 흐름이 빠른 연안 인근 해협에 설치할 수 있으며, 선박과 어류의 이동에 큰 방해를 주지 않아 생태계에 미치는 영향이 적다는 특징이 있습니다.

조력 발전은 밀물과 썰물 때 발생하는 바다 수면의 오르내림을 이용합

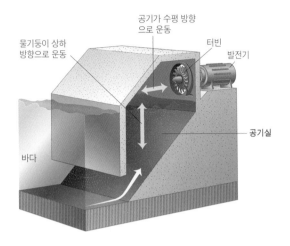

**파력 발전의 원리**
① 파도가 공기실로 들어옴. ② 공기실의 공기가 움직임. ③ 공기의 흐름이 터빈을 돌려 전기 생산.

니다. 밀물과 썰물의 차이가 큰 하구나 만에서 수문을 가진 방조제로 바 닷물을 가두고 썰물 때 저수지 수면이 해수면보다 높아지면 물을 방출하 면서 터빈을 돌려 전기를 생산합니다. 수력 발전의 원리와 유사하지요.

시화호 조력 발전소는 밀물 때 바닷물을 시화호로 유입하여 발전을 하 고 유입된 바닷물은 썰물 때 수문으로 배수하는 방식입니다. 시설 용량 254MW로 국내 최초이자 세계에서 가장 큰 규모의 조력 발전소입니다.

## 지속 가능한 친환경 에너지 도시

여러 나라가 미래 에너지의 대안으로 신재생 에너지를 개발하는 이유 는 무엇일까요? 에너지 수출을 통해 경제를 성장시키기 위해서? 아니면 환경을 보전하기 위해서? 과거에는 경제 성장과 환경 보전이 함께 갈 수 없다고 생각했습니다. 그러나 최근에는 이 두 가치를 동시에 지킬 수 있다는 인식이 널리 퍼지면서 '지속 가능한 발전'을 바탕으로 신재생 에너지 개발에 박차를 가하고 있습니다. 그렇다면 신재생 에너지 사용이 지속 가능한 발전과 동행할 수 있는 이유는 무엇일까요?

우리나라의 일부 도시나 마을을 중심으로 친환경 에너지를 자급자족하면서 그 범위를 국가 전체로 차츰 넓혀나가는 모습이 두드러지고 있습니다.

제주도 남단에 위치한 가파도는 2012년 '탄소 없는 섬'으로서 화석 연료 대신 신재생 에너지로 섬의 모든 전력 수요를 충당하고 있습니다. 화석 연료를 사용하여 전력을 생산할 때 이산화 탄소가 776톤 배출되었지만, 신재생 에너지 시설을 구축한 후 이산화 탄소 제로 배출 섬이 되었으며 에너지 자립섬으로서 국내 최초라는 타이틀을 얻게 되었습니다.

전라남도 진도군에 위치한 가사도의 경우 태양광 발전과 풍력 발전만으로 섬 주민 100%가 에너지 자급자족을 실현하고 있습니다. 그중에서 가사도의 수상 태양광 발전 단지는 자연을 훼손하지 않는 발전 방식을 적용한 사례 중 하나입니다. 2014년 10월에 준공된 이 단지는 가사도를 국내 최초 에너지 관리 시스템을 기반으로 한 에너지 자립섬으로 만들었습니다. 울릉도 등 다른 에너지 자립섬의 모델이 되었지요.

덴마크 롤란드 섬에서는 그 섬에서 생산되는 풍력, 바이오매스, 바이오가스, 수소 연료 전지 등 온갖 신재생 에너지 전력을 섬 인구가 전부 사용하고도 남아, 남는 전력을 독일, 스웨덴 등 인근 국가로 수출까지 하고 있습니다.

2003년 완공된 덴마크 최대의 풍력 발전 단지인 니스테드(Nysted)의 경우 72대의 발전기에서 연간 60만MW의 전기를 생산하고 있습니다.

지속 가능한 친환경 에너지 도시를 설계하고, 친환경 에너지 도시에서 환경 오염, 지구 온난화 문제 등을 해결하는 방안에는 무엇이 있을까요? 친환경 에너지 도시나 마을을 건설하는 데 일반적으로 첨단 과학기술을 활용합니다. 대표적인 것이 도시나 마을의 전력 및 에너지원을 하나로 연결하는 스마트 그리드(smart grid)입니다.

스마트 그리드란 ICT(Information & Cognition Technology, 정보 및 인지 기술)를 접목하여, 공급자와 소비자가 양방향으로 실시간 전력 정보를 교환함으로써 에너지 효율을 최적화하는 차세대 전력망입니다. 전기 및 정보통신 기술을 활용하여 전력망을 지능화·고도화함으로써 고품질의 전력 서비스를 제공하고 에너지 이용 효율을 극대화하는 전력망이지요.

스마트 그리드는 에너지 효율을 높임으로써 에너지 낭비를 줄이고, 신재생 에너지에 바탕을 두기 때문에 전력을 만들기 위한 해외 에너지 의존도를 줄일 수 있으며, 화석 연료 사용 절감을 통한 온실 가스 감소 효과로 지구 온난화도 막을 수 있게 해줍니다.

내가 살고 있는 도시나 마을을 스마트 그리드로 구축하면 어떤 점이 좋을까요? 우선 전력을 공급하는 주체와 전력을 소비하는 주체가 서로 전력에 대한 정보 교환을 하여 합리적 에너지 소비를 유도하고, 고품질의 에너지 및 다양한 부가 서비스를 주고받을 수 있을 것입니다.

아울러 신재생 에너지, 전기차 등 청정 녹색 기술이 접목 및 확장됨으로써 편리한 개방형 시스템을 구축할 수 있습니다. 그러면 도시와 도시, 도시와 전력 회사 및 국가 전력 산업 간에 융·복합을 통한 새로운 부가가치를 창출할 가능성이 높아질 것입니다.

# 적정 기술이 미래를 말한다

적정 기술이란 낙후된 지역이나 소외된 계층을 배려하여 만든 기술입니다. 첨단 과학기술보다 해당 지역의 환경이나 경제·사회 등 지역 공동체의 문화·정치·환경적인 면들을 고려하여 만든 노동집약적인 기술을 말합니다. 처음에는 저개발국, 저소득층의 삶의 질 향상과 빈곤 퇴치 등을 위한 기술로 시작했습니다. 그러나 최근에는 선진국을 포함한 국가나 지역이 직면한 다양한 사회적 문제를 해결하는 데 적절하게 사용할 수 있는 기술로 의미가 확장되고 있습니다.

아프리카 남서부 나미비아 사막에 자리 잡은 마을에는 하늘을 향해 대형 그물이 쳐져 있습니다. 이 그물은 새벽마다 안개에 젖는데, 여기에 맺힌 물방울이 그물에 연결된 파이프를 타고 흘러내려 주민들이 먹을 식수가 됩니다. 전기 펌프를 이용하면 더 편리하게 많은 식수를 얻을 수 있지만 전기가 부족한 이 마을에선 그물이 더 쓸모 있습니다.

해외에서 적용되고 있는 적정 기술 사례로 페트병을 이용한 태양광 전구가 있습니다. 투명한 빈 페트병 안에 물을 가득 담아서 지붕에 구멍을 내고 박아 놓기만 하면 페트병 안의 물이 태양 빛을 받아 굴절을 일으켜 밝은 빛을 발산합니다. 전기 전력이 없는 곳에 밝은 조명이 되겠지요.

적정 기술은 비용이 저렴하면서 해당 지역의 주민들 사정에 맞게 누구나 쉽게 사용법을 배워서 쓸 수 있어야 합니다. 적정 기술이 적용된 국내 사례로 햇빛 온풍기가 있습니다. 국내에서는 적정 기술이라고 하면 친환경 제품이라는 인식이 일반적이지만, 국내에 보급되는 적정 기술 제품은 화석 연료를 대체하는 신재생 에너지 개념에서 출발하는 경우가 많습니다. 신재생 에너지를 개인이나 마을 단위에 맞춤형으로 보급하는 기술이지요.

**설계 활동** 지속 가능한 친환경 에너지 도시 설계하기

준비물 : 인터넷 환경, 노트북, 프린터, 가위, 풀

1. 내가 사는 도시나 마을의 지도를 인터넷으로 찾아서 인쇄한다.

2. 아래에 제시된 스마트 그리드 단지의 주요 구성 요소를 이용하여 인쇄한
지도에 스마트 그리드 네트워크를 구축하고 친환경 에너지 도시나 마을을
상상하여 설계해 보자.

| 분야 | 스마트 그리드 단지의 주요 구성 요소 |
|---|---|
| 스마트 적용 기기 및 장소 | 스마트 계량기, 통신망, 홈·빌딩·공장용 에너지 관리 시스템, 서비스 플랫폼, 가정용 신재생·전기차 충전 인프라 구축 |
| 스마트 통신 | 전기차 배터리 교환소, 전기차 충전기, 통신 기반 서비스 플랫폼 및 충전 통신망, 모바일·내비게이터 정보 제공망 |
| 스마트 저장 및 재생 시스템 | 신재생용 전력 저장 장치, 신재생용 마이크로 그리드 운영 기기·시스템과 통신망 |
| 스마트 파워 그리드 | 지능형 송전망, 디지털 변전소, 스마트 배전망, 통신망과의 연계, 전력 시스템 통합 제어 솔루션 개발 |
| 스마트 전력 서비스 | 녹색·품질별·실시간 요금제, 전력 컨설팅, 소비자 전력 사용 패턴에 의해 운영되는 새로운 전력 서비스 설계 및 운영 |

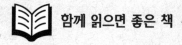 **함께 읽으면 좋은 책**

## 1장 화학 변화, 지구의 역사를 쓰다

**『루이스가 들려주는 산, 염기 이야기』**(2010). 전화영 지음, 자음과모음

미국 화학의 아버지 루이스가 화자로 등장해 어린이들에게 산과 염기에 대해 설명하는 책이다. '왜 땀을 흘린 후 이온음료를 마실까?' '왜 어떤 산은 먹어도 되고, 어떤 산은 먹으면 안 될까?' '우리 주변에 있는 산은 어떤 것들이 있을까?' 같은 질문에 답해 준다. 어려운 산과 염기의 개념을 알기 쉽게 설명해 주고, 주변에서 만날 수 있는 과학의 원리를 알려줌으로써 화학의 즐거움을 느낄 수 있다.

**『산소 : 세상을 만든 분자』**(2016). 닉 레인 지음, 양은주 옮김, 뿌리와이파리

영국 왕립학회 과학도서상을 수상한 저명한 생화학자 닉 레인은 이 책에서 산소가 생명의 진화와 노화, 죽음에 어떻게 영향을 미쳤는지에 대해 이야기한다. 산소가 없었다면 지구상의 생물은 영영 단세포에만 머물렀을 것이고, 지구는 아마 화성이나 금성처럼 바닷물이 증발해 버린 황량한 행성으로 남았을 것이다. 더불어 산소는 생명에 노화와 죽음 역시 가져다 주었다. 산소라는 단순한 분자가 어떻게 오늘날의 세계를 존재할 수 있도록 했는지, 궁극적으로 어떻게 우리를 이 세계에서 떠나게 하는지에 대해 알려준다.

## 2장 생물 다양성, 풍요로운 지구의 바탕

『다윈 지능』(2012). 최재천 지음, 사이언스북스

다윈의 자연 선택설을 이해하기 위해 꼭 알아야 하는 '변이'를 소개하고, 다윈의 자연 선택의 사례를 여러 측면에서 설명하고 있다. 다윈의 진화론이 생명과학뿐만 아니라 사회학·경제학·심리학, 음악·미술 등 여러 분야에 폭넓게 영향을 미치고 있는 이유에 대한 답을 찾을 수 있다.

『Newton HIGHLIGHT 생물 다양성』(2011). 일본 뉴턴프레스 지음, 아이뉴턴(뉴턴코리아)

생물 다양성이란 용어의 의미, 생태계의 정의, 서식지 단편화로 인한 생물 다양성 감소 사례, 생물 다양성을 위협하는 기후 변화, 외래종에 관해 다루는 책이다. 특히 원시 지구에서 최초의 생명체가 탄생되는 과정부터 현재에 이르기까지의 생태계에 관해 소개함으로서 생태계의 중요성을 설명한다.

『윌슨이 들려주는 생물 다양성 이야기』(2012). 한영식 지음, 자음과모음

생물 다양성의 의미와 가치를 쉽게 이해할 수 있도록 다양한 사례를 들어 설명하는 책이다. 생물 다양성을 위협하는 요인과 생물 다양성을 보전하기 위한 국가 협약에 관한 내용이 포함되어 있다.

## 3장 생태계, 생물과 환경이 이루는 경이로운 관계

**『세계의 다양한 생태계와 생물』**(2016). 김기태 지음, 채륜

눈부신 과학기술의 발전으로 우리는 문명 속에 살고 있지만, 대자연은 여전히 위력을 발휘하고 있다. 5대양 6대주의 다양한 생태계를 소개한 책이다. 위대한 자연의 힘을 느끼고 자연을 어떻게 보전해야 하는지 생각볼 수 있다.


**『침묵의 봄』**(2011). 레이첼 카슨 지음, 김은령 옮김, 홍욱희 감수, 에코리브르

이 책은 단지 생산성을 높이기 위해 농약을 살포했던 일이 인간을 비롯한 자연에 어떤 영향을 주었는지 설명한다. 농약 폐해에 대한 해설서의 차원을 넘어 서구 사회에서 환경운동이 시작되도록 이끌었다는 의미를 지니고 있다. 자연에 폐를 끼치지 않고 더불어 살아갈 수 있는 방법과, 우리가 이를 위해 나아가야 할 방향을 제시한다.


**『지구의 미래 : 기후 변화를 읽다』**(2016). 세계일보 특별기획취재팀 지음, 지상사

폭염, 폭우, 이상한파, 폭설, 태풍……. 전 지구적으로 이상 기후가 발생하고 있다. 기후 변화는 단지 날씨의 변화만을 의미하는 것이 아니다. 이는 인류의 생명과도 직접적으로 연결되어 있는 문제다. 기후 변화가 일상의 문제로 다가오고 있음을 알게 해주는 책이다.

## 4장 신재생 에너지, 인류가 쏘아 올린 희망

『**더 오래, 더 깨끗하게, 더 편리하게 신재생에너지**』(2009). 손재익·강용혁 지음, 김영사

이 책은 석유의 영향력에서 벗어나기 위해 인류가 새로이 찾아낸 에너지 패러다임으로서 신재생 에너지를 소개하고, 그 미래를 조망한다. 쉬운 설명을 통해 장래 신재생 에너지가 만들어낼 사회적 변화의 중심에 설 청소년들에게 미래 에너지에 대한 새로운 고찰의 기회를 주고 있다.

『**소녀, 적정기술을 탐하다**』(2013). 조승연 지음, 뜨인돌

어려운 내용을 청소년의 말과 글로 풀어썼기 때문에 이해하기 쉬운 책이다. '적정이와 승연이의 가상 대화' 등 상상력 넘치는 구성과 활발한 문체는 독자로 하여금 딱딱한 정보에 흥미롭게 다가설 수 있게 한다. 비전문가이자 왕초보인 저자가 적정 기술의 다양한 면들을 자신의 눈높이에서 기술하고 있으므로, 적정 기술이라는 개념이 생경한 독자들에게 좋은 길잡이가 될 것이다.

『**패러데이와 맥스웰:전자기 시대를 연, 물리학의 두 거장**』(2015). 낸시 포브스·배질 마혼 지음, 박찬·박술 옮김, 반니

패러데이는 정식 교육을 받지 못했지만 독학으로 사회적 지위를 극복했고, 수학을 모른다는 한계에도 놀라운 실험과 측정, 상상력을 통해 명성을 얻었다. 한편 어릴 적부터 천재적 재능을 빛낸 맥스웰은 패러데이의 발견을 수학적인 언어로 풀어내고 장 이론을 창안하여 20세기 물리학의 기반을 마련했다. 이 책은 현재의 문명이 커다란 빚을 지고 있는, 다른 듯 닮아 있는 두 천재의 삶과 연구를 재조명한다.

『**2030 미래 에너지 보고서**』(2011). 에릭 스피겔·닐 맥아더·롭 노턴 지음, 최준 옮김. 이스퀘어

1997년 한국의 IMF 외환위기를 예측한 「한국 보고서」를 내놓았던 부즈앤컴퍼니가 에너지의 미래에 대한 전망과 더불어 에너지 산업을 비롯한 산업 전반의 변화와 환경 문제 해결에 대한 종합적 견해를 제시한 책이다. 경제 성장과 환경 보전이라는 두 마리 토끼를 잡기 위한 방법으로 제시되었던 신재생 에너지의 가능성을 냉정하고 현실적으로 분석하였다. 특히 경제성이 부족하고 대규모 확산에 어려움이 존재하는 신재생 에너지에 대한 막연한 환상보다는 지속적으로 매장량이 늘어나고 있는 화석 연료를 책임 있게 사용하기 위한 노력이 더 현실적인 대안이라고 충고하는 점이 눈에 띈다.

**본문 일러스트** | 김소정 · 송승희
**본문 사진** | 셔터스톡 · 신영준 · 김단비

통합과학 교과서 뛰어넘기 2

초판 1쇄  2020년 1월 6일
초판 2쇄  2021년 8월 30일

**지은이** | 신영준 · 김호성 · 박창용 · 오현선 · 이세연
**펴낸이** | 송영석

**주간** | 이혜진
**기획편집** | 박신애 · 최예은 · 조아혜
**외서기획편집** | 정혜경 · 송하린 · 양한나
**디자인** | 박윤정 · 기경란
**마케팅** | 이종우 · 김유종 · 한승민
**관리** | 송우석 · 황규성 · 전지연 · 채경민

**펴낸곳** | (株)해냄출판사
**등록번호** | 제10-229호
**등록일자** | 1988년 5월 11일(설립일자 | 1983년 6월 24일)

04042 서울시 마포구 잔다리로 30 해냄빌딩 5 · 6층
**대표전화** | 326-1600 **팩스** | 326-1624
**홈페이지** | www.hainaim.com

ISBN 978-89-6574-982-0